Sachenrecht

Drittes Buch des Bürgerlichen Gesetzbuches

Kommentiert
von
Rechtsanwalt

Hans Nagel

R. Oldenbourg Verlag
München

Kommentierte Gesetze
herausgegeben von Martin Weigert

‚Kommentierte Gesetze' sind gegen Nachahmung urheberrechtlich bzw. wettbewerbsrechtlich geschützt.

Druck: Tutte Druckerei GmbH, Salzweg-Passau
Bindearbeiten: R. Oldenbourg Graphische Betriebe GmbH, München

Drittes Buch. Sachenrecht [§§ 854–1296]

Erster Abschnitt

Besitz

[§§ 854–872, die für Besitz an beweglichen Sachen und für Grundstücksbesitz gleichermaßen gelten]

§ 854 (Erwerb des unmittelbaren Besitzes)

(I) Der [*unmittelbare*] Besitz [*also die tatsächliche Herrschaftsgewalt über Sachen*] einer Sache [*iSv § 90, oder an Sachteilen, § 865*] wird durch die Erlangung der tatsächlichen Gewalt über die Sache [*die äußerlich sichtbar sein muß und über deren Vorliegen die Verkehrsauffassung entscheidet*] erworben [*sofern der Erwerber zusätzlich den natürlichen Willen hat, sie auszuüben, sog. Besitzbegründungswille. Der unmittelbare Besitz kann auch durch Erbfall, § 857, oder durch Übergabe an bzw. Besitzergreifung durch einen Besitzdiener, § 855, erworben werden*].

(II) Die [*rechtsgeschäftliche*] Einigung [*§§ 104 ff gelten!*] des bisherigen Besitzers und des [*Besitz-*] Erwerbers [*über den Übergang des unmittelbaren Besitzes*] genügt zum Erwerbe [*des unmittelbaren Besitzes*], wenn der Erwerber [*sofort*] in der Lage ist, die Gewalt über die Sache auszuüben [*Stichwort: »freier Zugang«, und wenn außerdem der Vorbesitzer seinen Besitz aufgibt*]. [*Der berechtigte Sachbesitz ist als sonstiges Recht iSd § 823 I anerkannt. Er ist Bestandteil des Vermögens und daher »etwas« iSd § 812. Strittig ist, ob der nichtberechtigte Besitz, etwa des Diebes, auch nach §§ 812, 823 I geschützt ist.*]

§ 855 (Besitzdiener)

Übt jemand die tatsächliche Gewalt über eine Sache [*vgl. § 854*] für einen anderen in dessen Haushalt oder Erwerbsgeschäft [*z. B. Verkäufer, Angestellter bzgl. Warenlager*] oder in einem ähnlichen [*äußerlich erkennbaren, BGHZ 32,363, str., sozialen Abhängigkeits-*] Verhältnis aus, vermöge dessen er den sich auf die Sache beziehenden Weisungen des anderen Folge zu leisten hat [*– Weisungsgebundenheit ist das entscheidene Merkmal der Besitzdienerschaft –*], so ist nur der andere [*im Beispiel: der Arbeitgeber*] Besitzer [*und zwar unmittelbarer. Wirkungen: die Ansprüche aus §§ 861, 862, 985, 1007 etc. richten sich nur gegen den Besitzherrn. Die reale Innehabung der Sache durch den Besitzdiener ist nicht geschützt. Er hat keine eigenen Besitzschutzansprüche, z. B. aus §§ 858–864. Gemäß § 860 ist er zur Ausübung der Gewaltrechte des Besitzherrn gegenüber Dritten befugt. Zur Ausübung der Besitzschutzansprüche nach §§ 861, 862 ist er nur befugt, wenn er dazu besonders ermächtigt ist. Eine Weggabe der Sache durch den Besitzdiener ist für den Besitzherrn »Abhandenkommen« iSd § 935. Der Besitzdiener wird selbst zum Besitzer, wenn er die Sache erkennbar nicht mehr für den Besitzherrn besitzen will, etwa aus seinem Betrieb mit nach Hause nimmt. Die Sache ist dem Besitzherrn dann abhanden gekommen. Folge: §§ 935, 861*].

§ 856 (Beendigung des unmittelbaren Besitzes)

(I) Der [*unmittelbare*] Besitz wird dadurch beendigt, daß der Besitzer die tatsächliche Gewalt über die Sache aufgibt [*freiwillig mit natürlichem Besitzaufgabewil-*

len, z. B. durch Veräußerung der Sache] oder in anderer Weise [*d. h. unfreiwillig, z. B. durch Verlieren oder Diebstahl*] verliert.

(II) Durch eine ihrer Natur nach vorübergehende Verhinderung in der Ausübung der Gewalt [*z. B. durch Reise*] wird der [*unmittelbare*] Besitz nicht beendigt.

§ 857 (Besitz des Erben)

Der Besitz [*d. h. unmittelbarer oder mittelbarer Allein- oder Mitbesitz des Erblassers*] geht [*im Augenblick des Todes, § 1922*] auf den Erben [*ohne Ergreifung der tatsächlichen Gewalt und u. U. auch ohne Kenntnis des Erbfalles*] über [*sog. Erbenbesitz. Folge: der Erbe kann die Besitzschutzrechte der §§ 858 ff ausüben. Die ohne seinen Willen aus dem Nachlaß entfernten Sachen sind abhanden gekommen, § 935. Die Besitzart bestimmt sich nach der Person des Erblassers. Von der Ergreifung der tatsächlichen Gewalt an wird der Erbenbesitz zum Besitz iSd § 854*].

§ 858 (Verbotene Eigenmacht)

(I) [*Legaldefinition:*] Wer dem [*unmittelbaren! vgl. § 869*] Besitzer [*auch ohne Verschulden, sondern nur*] »ohne dessen Willen« [*d. h. ohne sein Einverständnis, das z. Z. der Eigenmacht vorliegen muß und jederzeit widerruflich ist*] den [*unmittelbaren!*] Besitz [*auch den nichtberechtigten Besitz: der Dieb genießt daher mit den Einschränkungen der §§ 861 II, 862 II Besitzschutz*] entzieht oder ihn im Besitze stört [*aufgrund derselben Umstände, die auch zu einer Eigentumsstörung führen, vgl. § 1004*], handelt, sofern nicht [*Folge: keine Eigenmacht, da Widerrechtlichkeit ausgeschlossen ist*] das Gesetz die Entziehung [*durch eigenmächtige Selbstjustiz, z. B. nach §§ 227–229, 561, 859, 904 S 1, 910, 962 – Selbsthilferechte des BGB – oder §§ 883–885 ZPO, nicht aber aus einem Recht zum Besitz, vgl. § 863*] oder die Störung [*z. B. nach § 906*] gestattet, widerrechtlich (verbotene Eigenmacht).

(II[1]) Der durch verbotene Eigenmacht [*vgl. Abs. I*] erlangte Besitz ist »fehlerhaft« [*Rechtsfolgen: §§ 859, 861, 862*]. ([2]) Die »Fehlerhaftigkeit« muß der Nachfolger im Besitze [*des Eigenmachttäters*] gegen sich gelten lassen, [*und zwar stets*] wenn er Erbe des [*fehlerhaften*] Besitzers ist oder [*bei Besitzübertragung, nur wenn er*] die Fehlerhaftigkeit des Besitzes seines Vorgängers bei dem Erwerbe [*positiv*] kennt. [*Verbotene Eigenmacht verpflichtet jedoch nur dann zum Schadensersatz, wenn den Täter ein Verschulden trifft, und zwar kann der Anspruch sowohl auf § 823 II als auch auf § 823 I gestützt werden, da § 858 Schutzgesetz iSd § 823 II ist, BGHZ 20, 171, und der berechtigte Besitz ein sonstiges Recht iSd § 823 I ist. Vgl. Anm. § 854. Da nur der berechtigte Besitz als Schutzgut iSd § 823 I anerkannt wird, ist § 858 auch nur zugunsten des berechtigten Besitzers als Schutzgesetz iSd § 823 II einzuordnen.*]

§ 859 (Gewaltrechte des unmittelbaren Besitzers)

(I) [*Besitzwehr*] Der [*unmittelbare*] Besitzer darf sich [*im Rahmen des Notwendigen, vgl. § 230 I*] verbotener Eigenmacht [*§ 858 I*] mit Gewalt [*Verhältnis zu § 227 str.*] erwehren [*zur Verteidigung seines noch bestehenden Besitzes und nur solange der Angriff gegenwärtig iSd § 227 II ist. Überschreitung ist rechtswidrig. Bei Verschulden*

Schadensersatzpflicht aus § 823 I. Neben dem unmittelbaren Besitzer sind ausübungsbefugt: § 860 sowie der mittelbare Besitzer, str., vgl. § 869].

(II) [*Besitzkehr*] Wird [*genauer: ist*] eine bewegliche Sache dem [*unmittelbaren*] Besitzer mittels verbotener Eigenmacht [*§ 858 I*] weggenommen [*d. h. ist die Besitzentziehung bereits vollendet*], so darf er [*und § 860 und § 868*] sie [*innerhalb enger zeitlicher Grenzen*] dem auf frischer Tat betroffenen oder [*von der frischen Tat her*] verfolgten Täter [*vgl. Abs. IV!*] mit Gewalt [*sofort*] wieder abnehmen [*sog. Nacheile. Spätere Selbsthilfe ist nur nach § 229 zulässig. Sonst bleibt § 861*].

(III) [*Besitzkehr*] Wird [*genauer: ist*] dem [*unmittelbaren*] Besitzer eines Grundstücks der Besitz durch verbotene Eigenmacht [*§ 858 I*] entzogen [*worden*], so darf er [*vgl. §§ 860, 868*] »sofort« [*!d. h. so schnell als objektiv möglich*] nach der Entziehung sich des Besitzes durch Entsetzung des Täters [*vgl. Abs. IV!*] wieder bemächtigen. [*Außerhalb der engen zeitlichen Grenzen des Abs. III ist Selbsthilfe nur unter den allgem. Vorauss. des § 229 erlaubt. Erforderlich ist, daß »obrigkeitliche Hilfe nicht rechtzeitig zu erlangen ist« und ein Rechtsverlust droht. Sonst bleibt § 861.*]

(IV) Die gleichen Rechte stehen dem Besitzer gegen denjenigen zu, welcher nach § 858 Abs. 2 [*idR Besitznachfolger*] die Fehlerhaftigkeit des Besitzes gegen sich gelten lassen muß.

§ 860 (Selbsthilferechte des Besitzdieners)

Zur Ausübung der dem [*unmittelbaren*] Besitzer nach § 859 zustehenden [*Gewalt-*]Rechte ist [*kraft gesetzlicher Ermächtigung*] auch derjenige befugt, welcher die tatsächliche Gewalt [*als Besitzdiener*] nach § 855 für den Besitzer ausübt [*vgl. auch § 869*].

§ 861 (Herausgabeanspruch)

(I) Wird der [*unmittelbare*] Besitz [*bzgl. Teilbesitz: § 865; Mitbesitz: § 866*] durch verbotene Eigenmacht [*§ 858 I*] dem [*unmittelbaren*] Besitzer entzogen, so kann dieser [*anspruchsberechtigt ist der frühere unmittelbare oder mittelbare, § 869, oder Mit-, § 866, Besitzer, sofern nicht der Dieb gegenüber dem Bestohlenen den Anspruch geltend macht, vgl. Abs. II!*] die Wiedereinräumung des Besitzes [*d. h. Herausgabe, nicht Schadens- oder Wertersatz*] von demjenigen verlangen [*innerhalb eines Jahres seit Begehung der verbotenen Eigenmacht, vgl. § 864 I*], welcher ihm gegenüber »fehlerhaft« [*iSv § 858 II*] besitzt. [*Anspruchsgegner ist der Eigenmachttäter, § 858 II 1, oder der Besitznachfolger, iSd § 858 II 2. Gegenüber dem Anspruch aus § 861 I kann sich der Eigentümer, Mieter, Käufer etc., der sich die Sache gewaltsam geholt hat, nicht auf sein Recht zum Besitz berufen, § 863. Vgl. auch § 864 II! Neben § 861 I kann der frühere Besitzer seinen Herausgabeanspruch zugleich auf §§ 985; 1007; 687 II, 681 S 2, 667; 812; 823 I, II iVm § 858 bzw. §§ 242, 246 StGB bzw. § 826 stützen.*]

(II) Der Anspruch [*aus Abs. I*] ist ausgeschlossen, wenn der entzogene Besitz [*des Anspruchsberechtigten, z. B. des Diebes, gerade dem Schuldner, also*] dem gegenwärtigen Besitzer [*z. B. dem Eigentümer*] oder dessen Rechtsvorgänger gegenüber fehlerhaft war [*§ 858 II 1, d. h. seinerseits durch verbotene Eigenmacht erlangt ist*] und [*!*] in dem letzten Jahre vor der [*gegenüber ihm begangenen*] Entziehung erlangt worden ist. [*Liegen zwischen den beiden Besitzentziehungen mehr als ein Jahr, so besteht der Anspruch auf Herausgabe!*]

§ 862 (Beseitigungs- und Unterlassungsanspruch bei Besitzstörung)

(I[1]) Wird der [*unmittelbare oder mittelbare, § 869*] Besitzer [*ins. der Mieter oder Pächter eines Grundstücks oder einer beweglichen Sache*] durch verbotene Eigenmacht [*Begriff: § 858 I*] im Besitze [*vgl. für Eigentumsstörung: § 1004 I*] gestört [*aufgrund derselben Umstände, die auch zu einer Eigentumsstörung führen, insbesondere Geräuschimmission bei Grundstücken, vgl. § 906*], so kann er [*innerhalb eines Jahres, vgl. § 864 I*] von dem Störer die Beseitigung der [*gegenwärtigen, noch vorhandenen*] Störung verlangen [*sofern der Anspruch nicht nach Abs. II oder analog § 906, BGHZ 62, 368, ausgeschlossen ist*]. ([2]) Sind [*künftig*] weitere Störungen zu besorgen, so kann der [*unmittelbare oder mittelbare, § 869*] Besitzer auf Unterlassung klagen [*vgl. § 1004 I 2. Auswirkungen eines etwaigen Rechtes des Störers: §§ 863, 864 II*].

(II) Der Anspruch ist ausgeschlossen, wenn der Besitzer dem Störer oder dessen Rechtsvorgänger gegenüber fehlerhaft besitzt und der Besitz in dem letzten Jahre vor der Störung erlangt worden ist [*vgl. § 861 Abs. II*].

§ 863 (Ausgeschlossene Einwendungen aus dem Recht zum Besitz)

Gegenüber den in den §§ 861, 862 bestimmten Ansprüchen kann ein »Recht zum Besitz« [*z. B. des Eigentümers, der sich die Sache gewaltsam geholt hat*] oder zur Vornahme der störenden Handlung [*nicht geltend gemacht werden, denn grundsätzlich schließt ein Recht zum Besitz die Befugnis zur eigenmächtigen Ansichnahme der Sache nicht ein. So kann es*] nur zur Begründung der Behauptung geltend gemacht werden, daß die Entziehung oder die Störung des Besitzes nicht verbotene Eigenmacht [*gemäß § 858*] sei. [*§ 863 schließt auch die »dolo facit« Einrede, § 242, aus. Eine Widerklage, § 33 ZPO, des nach §§ 861, 862 Beklagten aus einem Recht zum Besitz bleibt zulässig. Zur begrenzten Wirkung eines Rechts zum Besitz: vgl. ferner § 864 II.*]

§ 864 (Erlöschen der Ansprüche aus §§ 861, 862)

(I) Ein nach den §§ 861, 862 begründeter Anspruch erlischt mit dem Ablauf eines Jahres nach der Verübung der verbotenen Eigenmacht [*§ 858 I*], wenn nicht vorher der Anspruch im Wege der [*Leistungs-*]Klage [*aus §§ 861, 862*] geltend gemacht wird [*oder schon früher, wenn das »Recht zum Besitz« durch Urteil rechtskräftig festgestellt ist, vgl. Abs. II*].

(II) Das Erlöschen [*der Ansprüche aus §§ 861, 862*] tritt [*weiterhin*] auch dann ein, wenn [*zeitlich*] nach [*oder vor, str.*] der Verübung der verbotenen Eigenmacht [*§ 858 I*] durch rechtskräftiges Urteil festgestellt wird, daß dem [*Eigenmacht-*]Täter ein Recht »an« der Sache [*also dingliches Sachenrecht; analog, wenn ihm ein schuldrechtliches Recht »auf« die Sache*] zusteht, vermöge dessen er die Herstellung eines seiner Handlungsweise entsprechenden Besitzstandes verlangen kann.

§ 865 (Teilbesitz)

Die [*Besitzschutz-*]Vorschriften der §§ 858 bis 864 gelten [*ins. auch im Verhältnis zu den anderen Teilbesitzern*] auch zugunsten desjenigen [*Alleinbesitzers*], welcher nur einen [*abgrenzbaren*] Teil einer Sache [*z. B. abschließbares Schubfach oder Wandfläche, die mit Reklame beschriftet ist*], insbesondere abgesonderte Wohnräume oder andere Räume, [*allein*] besitzt [*Erwerb und Verlust: §§ 854–856*].

§ 866 (Besitzschutz im Verhältnis der Mitbesitzer untereinander)

Besitzen mehrere eine Sache gemeinschaftlich [*als gleichstufige unmittelbare oder mittelbare Besitzer*], so findet [*im Verhältnis zu Dritten voller Besitzschutz, §§ 859, 861, 862, statt. Nach § 861 kann der Mitbesitzer jedoch nur Herausgabe der Sache an alle Mitbesitzer verlangen; Ausnahme: § 869 S 2 analog*] in ihrem Verhältnisse zueinander [*normaler Besitzschutz nach §§ 858–864 statt, wenn einem die Sachherrschaft völlig entzogen wird*] ein Besitzschutz [*nach §§ 858–864, nur*] insoweit nicht [*!*] statt, als es sich um die [*bloßen*] Grenzen des den einzelnen zustehenden Gebrauchs[*rechtes*] handelt [*denn diese sind nur aus dem zugrundeliegenden Rechtsverhältnis zu klären. Der Ersatzanspruch aus § 823 I wird aber durch § 866 nicht eingeschränkt*].

§ 867 (Abholungsanspruch)

(1) Ist eine Sache aus der Gewalt des Besitzers auf ein im Besitz eines anderen befindliches Grundstück gelangt, so hat ihm der Besitzer des Grundstücks die Aufsuchung und die Wegschaffung zu gestatten, sofern nicht die Sache inzwischen in Besitz genommen worden ist. (2) Der Besitzer des Grundstücks kann Ersatz des durch die Aufsuchung und die Wegschaffung entstehenden Schadens verlangen. (3) Er kann, wenn die Entstehung eines Schadens zu besorgen ist, die Gestattung verweigern, bis ihm Sicherheit geleistet wird; die Verweigerung ist unzulässig, wenn mit dem Aufschube Gefahr verbunden ist [*vgl. auch § 1005*].

§ 868 (Mittelbarer Besitz)

Besitzt jemand eine Sache [*als unmittelbarer Fremdbesitzer mit dem Willen sie für den Oberbesitzer besitzen zu wollen, sei es*] als Nießbraucher [*§ 1030*], Pfandgläubiger [*§ 1205*], Pächter [*§§ 581 II, 536*], Mieter [*§ 536*], Verwahrer [*§ 688*] oder in einem ähnlichen Verhältnisse [*wie z. B. § 455, der Sicherungsvertrag, oder ges. Rechtsverhältnisse, z. B. § 1626 II, §§ 808 ff ZPO*], vermöge dessen er einem anderen gegenüber [*d. h. dem Oberbesitzer, nur*] auf Zeit zum Besitze berechtigt oder verpflichtet ist [*weshalb sich ein vertraglicher, z. B. §§ 556, 667, oder gesetzlicher Herausgabeanspruch, z. B. §§ 985, 812, für den Oberbesitzer ergeben muß*], so [*also bei Vorliegen eines Besitzmittlungswillens und eines Herausgabeanspruchs*] ist auch der andere [*z. B. der Eigentümer, Verpfänder, Verpächter etc.*] »Besitzer« [*im Sinne aller Vorschriften über den Besitz und Besitzer. Diese gelten gleichermaßen für mittelbare und unmittelbare Besitzer, z. B. § 1007, sofern sie nicht auf den unmittelbaren Besitz beschränkt sind, z. B. §§ 854–856; 935 I 2*] (mittelbarer Besitz [*Oberbesitzer*]).

[*Der mittelbare Besitz endet, wenn der Besitzmittler den unmittelbaren Besitz verliert, der Herausgabeanspruch erlischt, z. B. § 397 – Erlaß, und durch äußerlich erkennbaren*

Verlust des Besitzmittlungswillens, sei es durch Umwandlung von Fremd- in Eigenbesitz, oder daß er für einen anderen Oberbesitzer besitzen will. Nach hM kann sich auch in Fällen objektiv doppeldeutigen Verhaltens der mittelbare Besitz nicht in Nebenbesitz zweier Oberbesitzer aufspalten. Wichtig ist die Frage des mittelbaren Nebenbesitzes nur bei § 934 1. Alt. Besitzschutz: § 869. Übertragung: § 870. Der mittelbare Besitz ist nicht durch § 823 I geschützt und kann nicht Gegenstand einer Eingriffskondiktion sein, § 812 I 1 2. Alt.]

§ 869 (Besitzschutz des mittelbaren Besitzes)

(1) Wird [*von Dritten!*] gegen den [*unmittelbaren!*] Besitzer verbotene Eigenmacht [*§ 858 I*] verübt [*die nur vorliegt, wenn die Besitzentziehung oder Besitzstörung gegen den Willen des unmittelbaren Besitzers erfolgt. Es kommt nicht etwa auf den Willen des mittelbaren Besitzers an. Ist der unmittelbare Besitzer mit dem Verhalten Dritter einverstanden, so handelt der Besitzergreifer oder Störer nicht in verbotener Eigenmacht*], so stehen die in den §§ 861, 862 [*§ 867; vgl. S 3*] bestimmten [*Besitzschutz-*] Ansprüche [*und obwohl nicht erwähnt, auch die Gewaltrechte des § 859, str.*] auch dem [*früheren*] mittelbaren Besitzer [*gegenüber Dritten*] zu. [*Gegenüber dem unmittelbaren Besitzer hat der mittelbare Besitzer aber keine Rechte aus §§ 859, 861, 862 und daher auch nicht aus § 823 I. Er kann nur Ersatz aus pVV verlangen.*] (2) Im Falle der Entziehung des Besitzes ist der mittelbare Besitzer berechtigt, die Wiedereinräumung des Besitzes an den bisherigen [*unmittelbaren*] Besitzer zu verlangen; kann oder will dieser den Besitz nicht wieder übernehmen, so kann der mittelbare Besitzer verlangen, daß ihm selbst der Besitz eingeräumt wird [*vgl. § 861*]. (3) Unter der gleichen Voraussetzung kann er im Falle des § 867 verlangen, daß ihm die Aufsuchung und Wegschaffung der Sache gestattet wird.

§ 870 (Übertragung des mittelbaren Besitzes)

Der mittelbare Besitz [*§ 868*] kann dadurch auf einen anderen übertragen werden, daß diesem der [*aus dem Besitzmittlungsverhältnis fließende*] Anspruch auf Herausgabe der Sache [*z. B. aus §§ 556, 604, 631, 667, 695 etc. oder aus § 812 bei Nichtigkeit des Vertragsverhältnisses*] abgetreten wird [*nach § 398; auch gesetzlicher Forderungsübergang, § 412, genügt. Vgl. ferner § 931*].

§ 871 (Gestufter mittelbarer Besitz)

Steht der mittelbare [*Unter-*]Besitzer [*z. B. Mieter, wenn Untermieter unmittelbarer Besitzer ist*] zu einem Dritten [*z. B. Vermieter*] in einem Verhältnisse der in § 868 bezeichneten Art, so ist auch der Dritte [*höherstufiger*] mittelbarer Besitzer [*Folge: vgl. §§ 868 und 1006 III*].

§ 872 (Eigenbesitz)

Wer eine Sache »als ihm gehörend« [*entscheidend ist allein der erkennbare natürliche Wille, sie wie ein Eigentümer zu beherrschen, z. B. der Eigentümer, aber auch der Dieb*] besitzt [*als unmittelbarer oder mittelbarer Besitzer*], ist Eigenbesitzer [*Bedeu-*

tung: § 836 III; Eigentumserwerb: §§ 900, 927, 937 ff, 955, 958; ferner: §§ 988, 1006 I. Gegensatz: Fremdbesitzer, der die Sache für einen anderen besitzt, vgl. § 868].

Zweiter Abschnitt
Allgemeine Vorschriften über Rechte an Grundstücken

[§§ 873–902: materielles Liegenschaftsrecht; das formelle Grundstücksrecht ist in der GBO enthalten]

§ 873 (Erwerb von Rechten an Grundstücken, Übertragung, Belastung solcher Rechte)

(I) Zur Übertragung [*auf Grund Rechtsgeschäftes; Gegensatz, z. B. Erbfolge, § 1922; Zwangsversteigerung, § 90 ZVG; Enteignung etc.*] des Eigentums [*Form: § 925*] an einem Grundstücke, zur [*rechtsgeschäftlichen*] Belastung eines Grundstücks mit einem Rechte [*also mit Grunddienstbarkeit; Nießbrauch; beschränkter persönlicher Dienstbarkeit; Vorkaufsrecht; Reallast; Hypothek; Grundschuld; Rentenschuld; Erbbaurecht, § 14 ErbbauVO; Wohnungs- und Teileigentum, § 7 I WEG*] sowie zur Übertragung [*z. B. Abtretung einer Buchhypothek*] oder Belastung eines solchen Rechtes [*z. B. Verpfändung einer Buchhypothek*] ist die [*abstrakte, formlose*] Einigung [*§§ 104–185, § 328 analog geht nicht*] des [*verfügungsbefugten, vgl. § 878*] Berechtigten und des anderen Teiles über den Eintritt der Rechtsänderung und die Eintragung der Rechtsänderung [*vgl. §§ 874 und 879, 891*] in das Grundbuch [*vgl. §§ 13, 19, 29, 39 GBO*] erforderlich, soweit nicht das Gesetz ein anderes vorschreibt [*vgl. §§ 1154, 1192 und §§ 1188, 1195 f*].

(II) Vor der Eintragung sind die Beteiligten an die Einigung nur gebunden [*d. h. ist der einseitige Widerruf ausgeschlossen*], wenn die Erklärungen [*beider Teile*] notariell beurkundet [*vgl. § 128, §§ 8 f BeurkG*] oder vor dem Grundbuchamt abgegeben oder bei diesem eingereicht sind oder wenn der Berechtigte dem anderen Teile eine den Vorschriften der Grundbuchordnung entsprechende Eintragungsbewilligung [*§§ 19, 29 GBO*] ausgehändigt hat.

[*Ist die Einigung bindend, so bleibt sie wirksam, auch wenn der Berechtigte später in seiner Verfügungsmacht beschränkt wird, § 878.*]

§ 874 (Bezugnahme bei der Eintragung)

Bei der Eintragung [*Folge: §§ 891, 892*] eines Rechtes, mit dem ein Grundstück belastet wird [*nicht: Eigentum*], kann zur »näheren« Bezeichnung des Inhalts des Rechtes auf die Eintragungsbewilligung [*§ 19 GBO*] Bezug genommen werden, soweit nicht das Gesetz ein anderes vorschreibt [*ins. in §§ 885 II, 1115, 1116 II, 1184 II*].

§ 875 (Aufhebung eines Grundstücksrechts)

(I[1]) Zur [*rechtsgeschäftlichen*] Aufhebung [*Gegensatz z. B. Aufhebung infolge Tod des Nießbrauchers, § 1061; Eintritt einer auflösenden Bedingung, § 158 II; etc.*] eines [*dinglichen*] Rechtes an einem Grundstück [*nicht unter § 875 fallen: die Eigentumsaufgabe, § 928; die Aufhebung von Nießbrauch und Pfandrecht z. B. an einer Hypo-*

thek, §§ 1072, 1255. § 875 gilt analog für Vormerkung, § 883] ist, soweit nicht das Gesetz ein anderes vorschreibt, die Erklärung [*§ 130*] des [*verfügungsbefugten*] Berechtigten, daß er das Recht aufgebe, und die Löschung des Rechtes im Grundbuch [*vgl. § 46 I GBO*] erforderlich. (2) Die Erklärung ist dem Grundbuchamt oder demjenigen gegenüber abzugeben, zu dessen Gunsten sie erfolgt [*z. B. Grundstückseigentümer, nachrangiger Hypothekar. § 878 gilt*].

(II) Vor der Löschung ist der Berechtigte an seine Erklärung nur gebunden [*d. h. sie ist unwiderruflich, vgl. § 873 II*], wenn er sie dem Grundbuchamte gegenüber abgegeben oder demjenigen, zu dessen Gunsten sie erfolgt, eine den Vorschriften der Grundbuchordnung entsprechende Löschungsbewilligung [*§§ 19, 29 GBO*] ausgehändigt hat.

§ 876 (Aufhebung eines belasteten Grundstücksrechts)

(1) Ist ein Recht an einem Grundstücke mit dem [*dinglichen*] Rechte eines Dritten belastet [*z. B. wenn ein Nießbrauch mit dem Pfandrecht eines Dritten belastet ist*], so ist zur [*rechtsgeschäftlichen*] Aufhebung des belasteten Rechtes [*neben der Aufgabeerklärung und Löschung nach § 875*] die [*formlose*] Zustimmung [*vgl. S 3*] des Dritten erforderlich. (2) Steht das aufzuhebende Recht dem jeweiligen Eigentümer eines anderen Grundstücks zu [*subjektiv dingliches Recht, z. B. §§ 1018f, 1094 II, 1105 II*], so ist, wenn dieses Grundstück mit dem Rechte eines Dritten belastet ist [*z. B. Hypothek oder Nießbrauch*], die Zustimmung des Dritten [*z. B. des Hypothekengläubigers*] erforderlich [*neben der Aufgabeerklärung des Eigentümers des herrschenden Grundstücks und der Löschung, § 875*], es sei denn, daß dessen Recht durch die Aufhebung nicht berührt wird. (3) Die Zustimmung ist dem Grundbuchamt oder demjenigen gegenüber zu erklären, zu dessen Gunsten sie erfolgt; sie ist unwiderruflich.

§ 877 (Änderung des Inhalts von Grundstücksrechten)

Die Vorschriften der §§ 873 [*Einigung und Eintragung*], 874 [*Bezugnahme bei Eintragung*], 876 [*Zustimmung des Drittberechtigten*] finden auch auf [*rechtsgeschäftliche*] Änderungen des Inhalts [*die nicht Belastung; Übertragung, § 873; Aufhebung, § 875; oder Rangänderung, § 880, sind*] eines Rechtes an einem Grundstück Anwendung [*z. B. Erhöhung des Zinssatzes einer Hypothek, vgl. § 1119*].

§ 878 (Einfluß späterer Verfügungsbeschränkungen)

Eine von dem Berechtigten [*nach üwM analog auf Erklärungen eines Nichtberechtigten, die nach § 185 I dem Berechtigten gegenüber wirksam sind*] in Gemäßheit der §§ 873, 875, 877 [*analog auf bewilligte Vormerkung, § 885 II 2. Alt, und bewilligten Widerspruch, § 899 II 2. Alt*] abgegebene [*wirksame*] Erklärung wird nicht dadurch unwirksam, daß der Berechtigte [*nach der Erklärung, aber vor der Eintragung*] in der Verfügung [*absolut, § 1365, oder relativ, §§ 135, 136 iVm § 938 II ZPO; § 6 KO; §§ 20 I, 23 I ZVG; §§ 1984 I 2, 2113f, 2211*] beschränkt wird, nachdem die Erklärung für ihn bindend geworden [*§§ 873 II, 875 II, 877*] und der Antrag auf Eintragung [*§ 13 I GBO*] bei dem Grundbuchamte gestellt worden ist.

[*Mit der Eintragung tritt die Rechtsänderung ein. Andernfalls wird die Erklärung wirkungslos, es sei denn, daß der Geschützte genehmigt, § 185 II, die Verfügungsbeschränkung wegfällt oder der Erwerber gutgläubig ist, § 892 I 2.*]

§ 879 (Rangverhältnis)

(I[1]) Das Rangverhältnis [*Bedeutung: vgl. §§ 10ff, 109 II, 155; 44 ZVG*] unter mehreren [*gleich- oder verschiedenartigen beschränkten dinglichen*] Rechten, mit denen ein Grundstück[*seigentum oder Miteigentumsanteil, §§ 1095, 1106, 1114, 1192, 1199 oder ein Recht, z. B. Nießbrauch, Pfandrecht, an einem Grundstücksrecht: § 879 analog*] belastet ist, [*falls sie im Grundbuch eingetragen sind und zu ihrer Entstehung der Eintragung bedürfen. Der Rang nicht eintragungsbedürftiger Rechte richtet sich nach dem Gesetz, z. B. §§ 914 I 1, 917 II 2 etc., oder nach ihrer Entstehungszeit, z. B. Rang einer Sicherungshypothek in den Fällen der § 1287 S 2, § 848 II 2 ZPO, vorbehaltlich des besseren Ranges, den Dritte gutgläubig erworben haben, § 892*] bestimmt sich, wenn die Rechte in derselben Abteilung des Grundbuchs eingetragen sind, nach der [*räumlichen*] Reihenfolge der Eintragungen [*vgl. §§ 17, 45 GBO, sofern nicht ausdrücklich, § 879 III, eine von der Nummernfolge abweichende Reihenfolge im Grundbuch vermerkt ist*]. ([2, 1. HS]) Sind die Rechte in »verschiedenen« Abteilungen [*Abs. II oder III*] eingetragen [*vgl. §§ 17, 45 GBO*], so hat das unter Angabe eines früheren Tages [*= Datum der Eintragung, nach hM auch, wenn es falsch ist*] eingetragene Recht den Vorrang; ([2, 2. HS]) Rechte, die unter Angabe desselben Tages eingetragen sind, haben gleichen Rang [*es sei denn, daß gemäß § 45 II GBO ein Rangfolgenvermerk eingetragen ist oder ein Fall des Abs. III vorliegt*].

(II) Die Eintragung [*§ 879 I*] ist für das Rangverhältnis [*zwingend*] auch dann maßgebend, wenn die nach § 873 zum Erwerbe des Rechtes erforderliche Einigung erst nach der Eintragung zustande gekommen ist.

(III) Eine [*von § 879 I!*] abweichende Bestimmung des Rangverhältnisses [*bei Bestellung des Rechts; zur nachträglichen Änderung, vgl. § 880*] bedarf der [*Einigung, § 873 I, denn als Inhalt des Rechtes Teil der dinglichen Einigung, und*] Eintragung in das Grundbuch [*sog. Rangvermerk, vgl. § 45 III 2. Alt GBO und § 18 GBVfg*]. [*§ 879 gilt auch für Vormerkungen, §§ 883 ff; nicht: für Verfügungsbeschränkungen, Widerspruch, § 899, und das Verhältnis zwischen Eigentum und beschränkten dinglichen Rechten. Verstößt das Grundbuchamt gegen die Ordnungsvorschriften der §§ 17, 45 GBO, so ist das für das Rangverhältnis nach § 879 unbeachtlich. Der Benachteiligte hat gegen den Begünstigten weder einen Anspruch auf Grundbuchberichtigung, § 894, denn das Grundbuch weist die wahre Rechtslage aus, noch aus Eingriffskondiktion, § 812 I 1 2. Alt, auf Rangrücktritt, da § 879 selbst den Rechtsgrund für den Erwerb des Ranges bildet, hM. Abgesehen von § 880 gilt das Prinzip der beweglichen Rangordnung: wenn das vorgehende Recht untergeht oder nicht entstanden ist, so rücken die nachfolgenden Rechte auf. Ausnahme: § 1163 iVm § 1177.*]

§ 880 (Nachträgliche Änderung des Rangverhältnisses)

(I) Das Rangverhältnis [*unter einem bereits bestehenden Recht und einem anderen – u. U. zusammen mit der Rangänderung erst einzutragenden – Recht*] kann [*rechtsgeschäftlich*] nachträglich [*bei Bestellung des Rechts: § 879 III*] geändert werden [*indem ein Berechtigter mit seinem Recht zurücktritt, der andere mit seinem Recht vorrückt; Voraussetzungen: Abs. II. Wirkung: Unmittelbarer Rangtausch, vgl. Abs. IV, V!*].

(II[1]) Zu der [*rechtsgeschäftlichen*] Rangänderung ist die [*formlose*] Einigung des zurücktretenden und des vortretenden Berechtigten und die Eintragung der [*Rang-*]Änderung in das Grundbuch [*bei beiden Rechten; str.*] erforderlich [*Zustimmung des Eigentümers vorbehaltlich S 2 nicht nötig*]; die Vorschriften des § 873 Abs. 2 [*Bindung an die Einigung*] und des § 878 [*nachträgliche Verfügungsbeschränkung des Zurücktretenden!*] finden Anwendung. ([2]) Soll eine Hypothek [*§§ 1113 ff*], eine Grundschuld [*§§ 1191 ff*] oder eine Rentenschuld [*§§ 1199 f*] zurücktreten [*nicht Vortritt!*], so ist außerdem die Zustimmung des Eigentümers erforderlich [*Ausnahme von S 2: § 1151*]. ([3]) Die Zustimmung ist dem Grundbuchamt oder einem der Beteiligten gegenüber zu erklären; sie ist unwiderruflich.

(III) Ist das zurücktretende Recht mit dem [*dinglichen*] Rechte eines Dritten [*z. B. §§ 1068, 1273*] belastet, so finden die Vorschriften des § 876 entsprechende Anwendung [*d. h. Zustimmung Drittberechtigter erforderlich*].

(IV) Der dem vortretenden Rechte eingeräumte Rang [*vgl. zur Wirkung: Abs. I*] geht nicht dadurch verloren, daß das zurücktretende Recht durch Rechtsgeschäft aufgehoben [*§§ 875, 1175 I 2, 1183*] wird [*erlischt es kraft Gesetzes, §§ 158 II, 1061, rükken Zwischenrechte nach*].

(V) [*Zwischen-*]Rechte, die den Rang zwischen dem zurücktretenden und dem vortretenden Rechte haben, werden durch die Rangänderung nicht berührt [*und brauchen ihr daher auch nicht zuzustimmen*]. [*Zum Anwendungsbereich: vgl. § 879 I 1; für Vormerkungen, Verfügungsbeschränkungen, Widersprüche: vgl. Anm. § 879.*]

§ 881 (Rangvorbehalt bei Bestellung des Rechts)

(I) Der Eigentümer [*§ 903, vgl. auch Abs. III*] kann sich bei der Belastung des Grundstücks mit einem [*beschränkten dinglichen*] Rechte [*Vormerkung, § 885 I 2. Alt, analog*] die Befugnis vorbehalten [*vgl. Abs. II*], ein anderes [*später zu bestellendes*], dem Umfange nach bestimmtes Recht mit dem Range vor jenem Rechte eintragen zu lassen [*Wirkung: das aufgrund des Vorbehalts bestellte Recht hat automatisch den Vorrang vor dem mit dem Vorbehalt belasteten Recht. Vgl. aber Abs. IV*].

(II) Der Vorbehalt bedarf [*der Einigung zwischen dem Eigentümer und dem zurücktretenden Berechtigten und*] der Eintragung in das Grundbuch [*beim zurücktretenden Recht*]; die Eintragung muß bei dem Rechte erfolgen, das zurücktreten soll.

(III) Wird das Grundstück veräußert [*§§ 873, 925*], so geht die vorbehaltene Befugnis auf den Erwerber über. [*Die Ausübung des Vorbehalts steht also dem jeweiligen Eigentümer zu. Der Rangvorbehalt ist nicht pfändbar. Die Aufhebung erfolgt nach § 877, nicht nach § 875, hM.*]

(IV) Ist das Grundstück vor der Eintragung des Rechtes, dem der Vorrang beigelegt ist, mit einem Rechte ohne einen entsprechenden Vorbehalt belastet worden [*sog. Zwischeneintragungen*], so hat der Vorrang insoweit keine Wirkung, als das mit dem Vorbehalt eingetragene Recht infolge der inzwischen eingetretenen Belastung eine über den Vorbehalt hinausgehende Beeinträchtigung erleiden würde.

§ 882 (Wertersatz für Erlöschen nach Zwangsversteigerungsrecht)

(1) Wird ein Grundstück mit einem Rechte belastet [*z. B. Erbbaurecht, Nießbrauch, Reallast*], für welches nach den für die Zwangsversteigerung geltenden Vorschriften dem Berechtigten im Falle des Erlöschens durch den Zuschlag der Wert aus dem Erlöse zu ersetzen ist [*vgl. §§ 92, 91 ZVG*], so kann der Höchstbetrag des Ersatzes bestimmt werden [*vgl. § 114 ZVG*]. (2) Die Bestimmung bedarf der [*Einigung, §§ 873, 877, und*] Eintragung in das Grundbuch.

§ 883 (Vormerkung)

(I) [*Vormerkungsfähiger Anspruch*] (1) Zur Sicherung des Anspruchs [*z. B. aus §§ 433 I 1, 812 ff, 823*] auf Einräumung [*§§ 873, 925*] oder Aufhebung [*§ 875, vgl. § 1179*] eines Rechtes »an einem Grundstück« [*z. B. auf Eigentumsübertragung*] oder an einem das Grundstück belastenden Rechte [*z. B. § 1030*] oder auf Änderung des Inhalts [*§ 877*] oder des Ranges [*§ 880*] eines solchen Rechtes kann eine [*akzessorische*] Vormerkung in das Grundbuch eingetragen [*§ 885*] werden. (2) Die Eintragung einer Vormerkung ist auch zur Sicherung eines »künftigen« [*z. B. aus bindenden Vertragsangeboten. Nicht: § 313 S 2*] oder eines bedingten [*§ 158 I*] Anspruchs zulässig.

(II) [*Sicherungswirkung*] (1) Eine [*rechtsgeschäftliche, vgl. S 2*] Verfügung, die nach der Eintragung [*= Beginn der Sicherungswirkung!*] der Vormerkung [*vgl. § 885, ohne Zustimmung, §§ 182, 185 I, 184, des Vormerkungsberechtigten; sonst ist sie von Anfang an wirksam*] über das Grundstück[*seigentum durch den nach wie vor verfügungsbefugten Eigentümer*] oder das Recht [*durch den nach wie vor verfügungsbefugten Inhaber*] getroffen wird, ist [*in zweifacher Hinsicht nur begrenzt unwirksam. Sachlich ist sie nur*] insoweit unwirksam, als sie den [*gesicherten*] Anspruch [*Abs. I; völlig*] vereiteln oder [*teilweise*] beeinträchtigen würde. [*Daher ist einer Hypothekenvormerkung gegenüber eine spätere Bestellung einer anderen Hypothek nicht unwirksam, sondern automatisch rangschlechter; Grund: Abs. III. Anders gegenüber der Auflassungsvormerkung: hier ist jede Veräußerung oder Belastung des Grundstücks vormerkungswidrig. Keine Verfügung liegt in der miet- oder pachtweisen Grundstücksüberlassung. Der Mietvertrag ist nicht analog § 883 II 1 unwirksam; hM; str. Persönlich ist sie nur zugunsten des Vormerkungsberechtigten unwirksam. Vgl. § 888 I.*] (2) Dies gilt auch, wenn die [*beeinträchtigende*] Verfügung im Wege der Zwangsvollstrekkung [*z. B. später eingetragene Zwangshypothek*] oder der Arrestvollziehung [*§§ 928 ff, ins. 932 ZPO*] oder durch den Konkursverwalter [*vgl. §§ 6, 7 KO*] erfolgt.

(III) Der Rang des Rechtes, auf dessen Einräumung der Anspruch gerichtet ist, bestimmt sich [*nicht nach seiner Eintragung, § 879, sondern*] nach [*Datum oder Stelle*] der Eintragung der Vormerkung [*Wirkung: das vorgemerkte Recht hat damit den Vorrang vor allen Rechten, die zwar früher als dieses, aber nach der Vormerkung eingetragen worden sind. Zur Sicherungswirkung: vgl. Abs. II*]. [*Die Vormerkung entsteht nur, wenn ein vormerkungsfähiger Anspruch, § 883 I 1, besteht, Bewilligung oder einstwei-*

lige Verfügung, § 885, und die Eintragung, § 885, vorliegen. Die Übertragung der Vormerkung erfolgt durch Abtretung der gesicherten Forderung, § 398; kraft Gesetzes geht die Vormerkung analog § 401 als Nebenrecht mit über. Sie ist akzessorisch, d.h.: besteht kein vormerkungsfähiger Anspruch, erlischt auch die Vormerkung. Sie erlischt ferner analog § 875, § 418 I analog, §§ 158 II, 163, durch Ausschließung, § 887, und durch Aufhebung der einstweiligen Verfügung, § 885 I 1 1. Alt; nicht durch Löschung allein. Die Vormerkung ist nach hM kein dingliches Recht, sondern ein arteigenes Sicherungsmittel. Sie sichert einen schuldrechtlichen Anspruch auf dingliche Rechtsänderung an einem Liegenschaftsrecht und hat in einzelnen Richtungen dingliche Wirkung, wie die vollendete Zuordungswirkung, vgl. § 884, §§ 24, 193 S 2 KO, § 82 II 1 VglO, die Sicherungswirkung, § 883 II, die Rangwirkung, § 883 III. Weil die Vormerkung einem dinglichen Recht nur »angenähert« ist, wendet die hM viele Vorschriften, die ihrem Wortlaut nach nur für die Entstehung »dinglicher« Rechte gelten, auf die Vormerkung analog an: so § 878 analog auf die bewilligte, § 885 I 1 2. Alt, Vormerkung; § 892 I 1 analog, gutgläubiger Ersterwerb; § 892 I 2 analog, gutgläubiger vormerkungsfreier Erwerb; § 893 2. Alt analog, gutgläubiger Zweiterwerb vom Nichtberechtigten; § 894 analog; § 899 analog, bei zu Unrecht gelöschter Vormerkung.]

§ 884 (Keine beschränkte Haftung des Erben)

Soweit der Anspruch [*bei Erbfall, § 1922*] durch die Vormerkung gesichert [*§§ 883, 885*] ist, kann sich der Erbe des Verpflichteten nicht auf die Beschränkung seiner Haftung [*nach §§ 1975 ff, vgl. auch §§ 2016, 1971 S 2*] berufen.

§ 885 (Eintragung)

(I[1]) Die Eintragung einer Vormerkung [*Wirkung: Entstehung, falls Anspruch iSd § 883 I besteht*] erfolgt [*1. Alt*] auf Grund einer einstweiligen Verfügung [*§§ 935 ff ZPO, vgl. S 2. Sog. erzwungene Vormerkung, auf die §§ 878 u. 893 2. Alt unanwendbar sind*] oder [*2. Alt*] auf Grund der [*einseitigen, materiell-rechtlichen*] Bewilligung desjenigen, dessen Grundstück oder dessen Recht von der Vormerkung betroffen wird [*sie ist gegenüber dem Grundbuchamt oder dem Gläubiger des vorgemerkten Anspruchs – str. – abzugeben. Sog. bewilligte Vormerkung, für die eine analoge Anwendung der §§ 878, 892 I 1, 893 2. Alt in Betracht kommt*]. ([2]) Zur Erlassung der einstweiligen Verfügung [*§ 935 ZPO*] ist [*im Unterschied zu den allgem. Regeln der §§ 936, 921 II ZPO*] nicht erforderlich, daß eine »Gefährdung« des zu sichernden Anspruchs glaubhaft [*§ 294 ZPO*] gemacht wird. [*Der Anspruch selbst muß glaubhaft gemacht werden, § 920 II ZPO.*]

(II) Bei der Eintragung kann zur näheren Bezeichnung des zu sichernden Anspruchs auf die einstweilige Verfügung oder die Eintragungsbewilligung Bezug genommen werden.

§ 886 (Beseitigungsanspruch)

Steht demjenigen [*= der Schuldner*], dessen Grundstück oder dessen Recht von der Vormerkung betroffen wird, eine [*dauernde*] Einrede zu, durch welche die Geltendmachung des durch die Vormerkung gesicherten Anspruchs [*§ 883 I*] »dauernd« ausgeschlossen wird [*z. B. §§ 222 I, 821, 853; also nicht §§ 273, 320*], so kann er von dem Gläubiger [*oder dessen Rechtsnachfolger*] die Beseitigung der Vormerkung [*durch Aufgabeerklärung und Löschung, § 875 analog*] verlangen.

§ 887 (Aufgebot unbekannter Vormerkungsgläubiger)

(¹) Ist der Gläubiger, dessen Anspruch durch die Vormerkung gesichert ist, unbekannt, so kann er im Wege des Aufgebotsverfahrens [*§§ 946 ff, 988, 1024 ZPO*] mit seinem Rechte ausgeschlossen werden, wenn die im § 1170 für die Ausschließung eines Hypothekengläubigers bestimmten Voraussetzungen vorliegen. (²) Mit der Erlassung des Ausschlußurteils erlischt die Wirkung der Vormerkung.

§ 888 (Durchsetzung des vorgemerkten Anspruchs)

(I) Soweit der [*zwischenzeitliche*] Erwerb eines eingetragenen Rechtes oder eines Rechtes an einem solchen Rechte [*nach § 883 II*] gegenüber demjenigen [*dem Gläubiger des vorgemerkten Anspruchs*], zu dessen Gunsten die Vormerkung [*§ 883 I; wirkungsgleich: Amtsvormerkung, § 18 GBO; dingliches Vorkaufsrecht, § 1098 II; Veräußerungsverbot, § 888 II; gesetzlicher Löschungsanspruch nach § 1179 a I 3; eingetragenes Wiederkaufsrecht nach § 20 RSiedlG*] besteht [*vgl. §§ 883 I, 885*], unwirksam ist, kann dieser [*vom Schuldner des vorgemerkten Anspruchs Erfüllung und*] von dem Erwerber [*und Rechtsnachfolger*] die [*grundbuchrechtliche; hM*] Zustimmung [*nach §§ 19, 20 GBO*] zu der Eintragung oder der Löschung verlangen, die zur Verwirklichung des durch die Vormerkung gesicherten Anspruchs erforderlich ist. [*Der dritte Erwerber kann gegenüber dem Verlangen nach Zustimmung das Erlöschen der Vormerkung, vgl. Anm. § 883, oder des vorgemerkten Anspruchs ferner alle ihm persönlich zustehenden Einreden sowie die dem Schuldner zustehenden Einreden, §§ 768, 1137 analog, geltend machen. Auf § 888 I sind die Verzugsvorschriften, §§ 284 ff, ins. § 286, unanwendbar, so BGHZ 49, 264 ff. Die §§ 987 ff, ins. die §§ 994 ff, sind auf das Verhältnis zwischen dem aus einer Auflassungsvormerkung Berechtigten bzw. dinglich Vorkaufsberechtigten, § 1098 II, und dem bereits im Grundbuch eingetragenen Dritteigentümer analog anzuwenden. Ein Zurückbehaltungsrecht wegen Verwendungen, §§ 994 ff analog, steht dem Dritteigentümer schon gegenüber dem Anspruch aus § 888 I zu; BGH NJW 80, 833. Der Anspruch aus § 888 I ist nicht ohne den vorgemerkten Anspruch übertragbar.*]

(II) Das gleiche gilt [*d. h. relative Unwirksamkeit verbotswidriger Verfügungen und Zustimmungsanspruch des Verbotsgeschützten nach Abs. I*], wenn der Anspruch durch ein Veräußerungsverbot [*nach §§ 938, 936, 929 ZPO; vgl. §§ 135, 136, 878, 892 I 2*] gesichert ist.

§ 889 (Nachträgliche Vereinigung von Eigentum und Belastung)

Ein [*beschränktes dingliches*] Recht an einem fremden Grundstück [*z. B. Hypothek*] erlischt nicht dadurch, daß [*nachträglich eine Vereinigung von Eigentum und beschränktem dinglichen Recht in einer Person eintritt, sei es daß*] der Eigentümer des Grundstücks das Recht [*z. B. nach §§ 1922 o. 873*] oder der Berechtigte das Eigentum an dem Grundstück [*z. B. nach §§ 1922 o. 925*] erwirbt [*bei beweglichen Sachen tritt grds. Erlöschen ein, vgl. §§ 1063, 1256*].

§ 890 (Vereinigung und Zuschreibung mehrerer Grundstücke)

(I) Mehrere Grundstücke [*vgl. §§ 3 I 1 und 5 GBO: desselben Eigentümers*] können dadurch zu einem Grundstücke vereinigt werden, daß der Eigentümer sie als ein Grundstück in das Grundbuch eintragen läßt [*vgl. § 29 GBO. Sog. Vereinigung. Wirkung: Durch die Vereinigung entsteht ein einheitliches Grundstück. Bereits bestehende Belastungen – Grundschulden, Rentenschulden, Hypotheken – werden durch die Vereinigung nicht berührt; sie bestehen an dem bisherigen Einzelgrundstück fort und ergreifen nicht das Gesamtgrundstück. Neue Belastungen ergreifen das Gesamtgrundstück*].

(II) Ein Grundstück kann dadurch zum Bestandteil eines anderen [*Haupt-*] Grundstücks [*desselben Eigentümers*] gemacht werden, daß der Eigentümer es diesem im Grundbuche zuschreiben läßt [*sog. Zuschreibung, vgl. § 6 GBO. Wirkung: Auch durch die Zuschreibung entsteht, ebenso wie durch die Vereinigung, für die Zukunft ein einheitliches Grundstück. Wichtige Ausnahme: Auf dem Hauptgrundstück lastende Hypotheken, Grundschulden, Rentenschulden erstrecken sich nun auch auf das zugeschriebene Grundstück, nicht umgekehrt; vgl. §§ 1131, 1192, 1199*].

§ 891 (Vermutung für die Richtigkeit des Grundbuchs)

(I) Ist im Grundbuche für jemand ein [*eintragungsfähiges dingliches*] Recht eingetragen, so wird [*zugunsten und zuungunsten von jedermann, also nicht nur des Eingetragenen, widerleglich*] vermutet [*vgl. § 291 ZPO*], daß [*es besteht und*] ihm das Recht zustehe [*Vermutung der Richtigkeit: positive Funktion*].

(II) Ist im Grundbuch ein eingetragenes Recht gelöscht, so wird [*widerleglich*] vermutet, daß das Recht nicht bestehe. [*Früheres Bestehen bis zur Löschung wird zugleich vermutet, wenn feststeht, daß die Löschung wegen Aufhebung des Rechts und nicht zum Zwecke der Grundbuchberichtigung erfolgte. Vermutung der Richtigkeit: negative Funktion. Dagegen besteht keine Vermutung für die Vollständigkeit, also dafür, daß keine anderen Rechte als die eingetragenen bestehen. Anders: § 892 I 1. Die Eintragung eines Widerspruchs, § 899, § 53 GBO, berührt die Vermutung nicht.*]

§ 892 (Öffentlicher Glaube des Grundbuchs; Erwerb vom Nichtberechtigten)

(I[1]) Zugunsten desjenigen [*Dritterwerbers, der weder persönlich noch wirtschaftlich mit dem Veräußerer identisch ist, sog. Verkehrsgeschäft*], welcher ein Recht »an einem Grundstück« [*also ein dingliches Recht wie Eigentum, Hypothek, nicht Vormerkung – hier: § 893 2. Alt analog*] oder ein Recht »an einem solchen Rechte« [*z. B. Pfandrecht an einer Hypothek*] durch Rechtsgeschäft [*kein Schutz bei Erwerb kraft Gesetzes, z. B. nach § 1922*] erwirbt [*von einem eingetragenen, vgl. § 1155, Nichtberechtigten aufgrund wirksamen Erwerbstatbestandes und ohne Einwilligung des Rechtsinhabers, §§ 185 I, 183*], gilt der Inhalt des Grundbuchs [*bzgl. der Eintragung, daß ein Recht besteht und dem eingetragenen Berechtigten zusteht – Folge: gutgläubiger Erwerb möglich – und daß keine anderen als die eingetragenen Rechte bestehen – Folge:*

lastenfreier Erwerb möglich] als richtig, es sei denn, daß [*vor Vollendung des Rechtserwerbs*] ein Widerspruch [*§ 899*] gegen die Richtigkeit [*für den wahren Rechtsinhaber, vgl. § 899!*] eingetragen oder die Unrichtigkeit [*der verlautbarten Rechtslage*] dem Erwerber [*vor Vollendung des Rechtserwerbs, vgl. Abs. II, positiv*] bekannt ist [*Ausgleichsnorm: § 816 I; vgl. Anm. § 932, die sinngemäß gilt*]. (^{2}) Ist der Berechtigte [*!*] in der Verfügung über ein im Grundbuch eingetragenes Recht zugunsten einer bestimmten Person beschränkt [*aufgrund der relativen Verfügungsbeschränkungen der §§ 135, 136; 2113, 2211; § 938 ZPO; §§ 20, 23 ZVG; §§ 6, 7 KO; nicht aufgrund der absoluten Verfügungsbeschränkung der §§ 1365, 1369*], so ist die [*Verfügungs-*]Beschränkung dem Erwerber gegenüber nur wirksam [*mit der Folge, daß er ein nur schwebend unwirksames Recht erwirbt*], wenn sie aus dem Grundbuch ersichtlich [*d. h. eingetragen, vgl. §§ 113, 117 KO; § 51 GBO*] oder dem Erwerber [*positiv*] bekannt ist [*Ausgleichsnorm: § 816 I. Nicht geschützt: der gute Glaube an das Bestehen einer zu Unrecht eingetragenen Verfügungsbeschränkung*].

(II) [*1. Alt*] Ist zu dem Erwerbe des Rechtes [*nur noch*] die Eintragung erforderlich, so ist für die Kenntnis des Erwerbers die Zeit der Stellung des Antrags auf Eintragung [*gemäß § 13 GBO*] oder, [*2. Alt*] wenn die nach § 873 erforderliche Einigung erst später [*also nach der Eintragung*] zustande kommt, die Zeit der Einigung maßgebend [*wenn der Rechtserwerb sich tatsächlich mit der Eintragung, 1. Alt, bzw. der Einigung, 2. Alt, vollendet. Fehlen noch andere Erwerbsvoraussetzungen, namentlich bei der Briefhypothek die Übergabe des Briefes, so ist der Zeitpunkt des Eintritts der letzten Erwerbsvoraussetzung maßgebend. Wird aber vor Vollendung des Rechtserwerbs ein Widerspruch eingetragen, so ist redlicher Erwerb ausgeschlossen. Trotz Unredlichkeit oder zwischenzeitlich eingetragenen Widerspruchs ist Erwerb möglich, wenn der Inhaber die schwebend unwirksame Verfügung genehmigt, §§ 185 II 1. Alt, 184 I*].

§ 893 (Rechtsgeschäfte des Buchberechtigten)

Die Vorschriften des § 892 finden entsprechende Anwendung, [*1. Alt*] wenn [*z. B. durch den redlichen Grundstückseigentümer ohne Zustimmung des Berechtigten, §§ 185, 182*] an denjenigen [*Buchberechtigten, z. B. Inhaber der Buchhypothek*], für welchen ein [*dingliches*] Recht im Grundbuch [*zu Unrecht*] eingetragen ist, auf Grund dieses [*dinglichen*] Rechtes [*– nicht hierher gehören Leistungen von Mietern und Pächtern*] eine Leistung [*z. B. Zinszahlung*] bewirkt [*wird. Folge: Der Leistende wird frei; Herausgabeanspruch des Berechtigten gegen Empfänger: § 816 II. Bei Zahlungen auf Briefhypothekenkapital gilt § 893 nicht, sondern es ist stets Briefbesitz nötig, § 1160; hM*] oder [*2. Alt.*] wenn zwischen ihm [*dem zu Unrecht eingetragenen dinglich Berechtigten*] und einem [*redlichen*] anderen [*ohne Einwilligung des Berechtigten, §§ 185 I, 183*] in Ansehung dieses [*dinglichen*] Rechtes ein nicht unter die Vorschriften des § 892 fallendes [*also nicht zum Rechtserwerb führendes*] Rechtsgeschäft vorgenommen wird, das eine Verfügung über das [*dingliche*] Recht enthält [*wie z. B. eine Inhaltsänderung, § 877, und eine Rangänderung, § 880, Rechtsaufhebung, §§ 875, 876, die Bewilligung einer Vormerkung, § 883-str., hM, die Kündigung eines Grundpfandrechts, die Zustimmung, § 185. Nicht aber: schuldrechtliche Geschäfte wie Vermietung und Verpachtung. Folge: die Verfügung ist dem Berechtigten gegenüber wirksam. Ausgleich für den Rechtsverlust: § 816 I 1*].

§ 894 (Dinglicher Grundbuchberichtigungsanspruch)

Steht der Inhalt des Grundbuchs in Ansehung eines [*dinglichen*] Rechtes an dem Grundstück [*analog bei unrichtiger Eintragung einer Vormerkung oder eines Widerspruchs*], eines Rechtes an einem solchen Rechte oder einer Verfügungsbeschränkung der in § 892 Abs. 1 [*S 2*] bezeichneten Art »mit der wirklichen Rechtslage nicht im Einklange«, so kann derjenige [*= der Anspruchsberechtigte*], dessen Recht nicht [*z. B., wenn statt des wirklichen Eigentümers ein anderer als Eigentümer eingetragen ist*] oder nicht richtig [*z. B. mit unrichtigem Rang oder Inhalt*] eingetragen oder durch die Eintragung einer nicht bestehenden Belastung [*z. B. mit einer nicht entstandenen Hypothek, vgl. §§ 1163, 1177*] oder [*Verfügungs-*]Beschränkung beeinträchtigt ist, die [*grundbuchrechtliche*] Zustimmung [*gemäß der §§ 19, 29 GBO*] zu der Berichtigung des Grundbuchs [*sog. Berichtigungsbewilligung*] von demjenigen [*= der Verpflichtete*] verlangen [*ferner: §§ 895–898*], dessen Recht [*oder Scheinrecht*] durch die Berichtigung betroffen wird. [*Daneben kann sich ein schuldrechtlicher Grundbuchberichtigungsanspruch aus Vertrag oder §§ 812, 823 ff, nicht aber § 1004 I, ergeben. Zuständigkeit für Klage: § 24 ZPO; ZwV: § 894 ZPO. Verjährung ausgeschlossen, § 898. Der Anspruch aus § 894 ist nicht selbständig abtretbar; Ausübungsermächtigung gemäß § 185 I ist zulässig. Auf die Beziehung zwischen Berechtigten und Verpflichteten sind die §§ 987–1003 analog anzuwenden.*]

§ 895 (Voreintragung des Verpflichteten)

Kann die Berichtigung des Grundbuchs erst erfolgen, nachdem das Recht des nach § 894 Verpflichteten eingetragen worden ist [*Grund: § 39 GBO*], so hat dieser auf Verlangen sein Recht eintragen zu lassen.

§ 896 (Vorlage des Briefes)

Ist zur Berichtigung des Grundbuchs [*§ 894*] die Vorlegung eines Hypotheken-, Grundschuld- oder Rentenschuldbriefs erforderlich, so kann derjenige, zu dessen Gunsten die Berichtigung erfolgen soll, von dem Besitzer des Briefes verlangen, daß der Brief dem Grundbuchamte vorgelegt wird [*vgl. §§ 41 I 1, II, 42, 43 GBO*].

§ 897 (Kosten der Grundbuchberichtigung)

Die Kosten der Berichtigung des Grundbuchs [*§ 894*] und der dazu erforderlichen Erklärungen [*vgl. §§ 19, 29 GBO*] hat [*im Verhältnis der Beteiligten untereinander*] derjenige zu tragen, welcher die Berichtigung verlangt, sofern nicht aus einem zwischen ihm und dem Verpflichteten bestehenden Rechtsverhältnisse sich ein anderes ergibt.

§ 898 (Keine Verjährung)

Die in den §§ 894 bis 896 bestimmten Ansprüche unterliegen nicht der Verjährung [*§§ 194 f; vgl. auch § 902*].

§ 899 (Widerspruch gegen die Richtigkeit des Grundbuchs)

(I) In den Fällen des § 894 kann [*soweit die unrichtige Eintragung den Rechtserwerb kraft öffentlichen Glaubens ermöglicht. Daher z. B. nicht gegen eingetragene Verfügungsbeschränkung, § 892 I 2*] ein Widerspruch gegen die Richtigkeit des Grundbuchs eingetragen werden. [*Wirkungen: Er verhindert gutgläubigen Erwerb – nur – des gesicherten Rechts und auch nur dann, wenn er zugunsten des wahren Berechtigten eingetragen ist. Vgl. ferner: §§ 900 I 3, 927 III, keine Ersitzung; § 902, keine Verjährung; § 891.*]

(II[1]) Die Eintragung erfolgt [*1. Alt*] auf Grund einer einstweiligen Verfügung [*§ 935 ZPO, vgl. S 2. Folge: nicht § 878 analog*] oder [*2. Alt*] auf Grund einer [*grundbuchrechtlichen Eintragungs-*]Bewilligung [*gemäß der §§ 13, 19, 29, 39 GBO; obwohl keine materiell-rechtliche Erklärung, gilt § 878 analog*] desjenigen, dessen Recht durch die Berichtigung des Grundbuchs [*iSd § 894*] betroffen wird. ([2]) Zur Erlassung der einstweiligen Verfügung [*§ 935 ZPO*] ist [*im Unterschied zu §§ 936, 920 II ZPO*] nicht erforderlich, daß eine »Gefährdung« des Rechtes des Widersprechenden glaubhaft [*§ 294 ZPO*] gemacht wird. [*Das Recht selbst muß glaubhaft gemacht werden, vgl. § 921 II ZPO. Wirkungsgleich mit § 899: § 1139 und § 53 GBO, sog. Amtswiderspruch.*]

§ 900 (Tabularersitzung)

(I[1]) Wer als Eigentümer eines Grundstücks im Grundbuch eingetragen ist, ohne daß er das Eigentum erlangt hat, erwirbt [*originär kraft Gesetzes*] das Eigentum, wenn die Eintragung dreißig Jahre bestanden und er während dieser Zeit das Grundstück im Eigenbesitze [*§ 872*] gehabt hat. ([2]) Die dreißigjährige Frist wird in derselben Weise berechnet wie die Frist für die Ersitzung einer beweglichen Sache [*§§ 938–944*]. ([3]) Der Lauf der Frist ist gehemmt, solange ein Widerspruch [*§§ 899, 894*] gegen die Richtigkeit der Eintragung im Grundbuch eingetragen ist [*für § 900 ist Redlichkeit nicht erforderlich; Gegenstück: § 927*].

(II[1]) Diese Vorschriften finden entsprechende Anwendung, wenn für jemand ein ihm nicht zustehendes anderes Recht im Grundbuch eingetragen ist, das zum Besitze des Grundstücks berechtigt [*§ 1036: Nießbrauch*] oder dessen Ausübung nach den für den Besitz geltenden Vorschriften geschützt ist [*§§ 1029, 1093: Grunddienstbarkeiten und beschränkte persönliche Grunddienstbarkeiten; nicht ersitzbar sind: Hypotheken, Grundschulden, Rentenschulden, Reallasten*]. ([2]) Für den Rang des Rechtes ist die Eintragung maßgebend [*vgl. § 879*].

§ 901 (Buchversitzung; Erlöschen durch Verjährung)

([1]) Ist ein [*beschränktes dingliches*] Recht an einem fremden Grundstück [*z. B. Hypothek; nicht Eigentum: vgl. §§ 900, 927*] im Grundbuche mit Unrecht gelöscht, so erlischt es, wenn der [*aus ihm erwachsende*] Anspruch des Berechtigten gegen den Eigentümer [*z. B. §§ 1018, 1147*] verjährt [*§§ 194 f*] ist. ([2]) Das gleiche gilt, wenn ein kraft Gesetzes entstandenes Recht an einem fremden Grundstücke [*z. B. nach § 1287 S 2, Sicherungshypothek*] nicht in das Grundbuch eingetragen worden ist.

§ 902 (Keine Verjährung der Ansprüche aus eingetragenen Rechten)

(I[1]) Die Ansprüche [*§§ 985, 1018, 1094 und 1004,str.*] aus eingetragenen Rechten unterliegen nicht der Verjährung [*§§ 194 f*]. ([2]) Dies gilt nicht für Ansprüche, die auf Rückstände wiederkehrender Leistungen oder auf Schadensersatz [*§§ 989 f, 823 f, 1057, 1065*] gerichtet sind [*vgl. auch § 898!*].

(II) Ein Recht, wegen dessen ein Widerspruch [*§ 899*] gegen die Richtigkeit des Grundbuchs eingetragen ist, steht einem eingetragenen Rechte [*vgl. I 1!*] gleich [*das bedeutet: es unterliegt nicht der Verjährung*].

Dritter Abschnitt
Eigentum

[an Sachen, also an beweglichen Sachen und Grundstücken, §§ 903–1011]

Erster Titel
Inhalt des Eigentums

[§§ 903–924]

§ 903 (Inhalt des Eigentums)

Der Eigentümer [*Allein-, Mit-, §§ 1008 ff, – Gesamthandseigentümer, §§ 718, 1416, 2032*] einer Sache [*§ 90, also einer beweglichen Sache oder eines Grundstücks*] kann, soweit nicht das Gesetz [*z. B. §§ 227–229, 904–924 oder §§ 29 ff BBauG etc.*] oder Rechte Dritter [*dingliche, z. B. Nießbrauch*] entgegenstehen, mit der Sache nach Belieben verfahren [*z. B. frei verfügen nach §§ 873, 925, 929, 1204, 959 etc.*] und andere [*durch die Ansprüche aus §§ 985, 1004, 823 ff*] von jeder [*positiven*] Einwirkung [*z. B. Beschädigung der Sache oder Betreten des Grundstücks oder Fotographieren der Sache*] ausschließen. [*Bloß negative Beeinträchtigung, ins. der Entzug von Licht und Luft, oder ideelle Einwirkungen, z. B. die Beeinträchtigung des ästhetischen Empfindens des Eigentümers durch den Anblick des Nachbargrundstücks unterfallen nicht § 903 und sind daher nicht ausschließbar nach § 1004 I. Vgl. auch § 906.*]

§ 904 (Angriffsnotstand)

([1]) Der Eigentümer [*und Besitzer*] einer Sache ist nicht [*nach §§ 1004, 823, 227*] berechtigt, die [*bewußte*] Einwirkung eines anderen auf die [*eigene, unbeteiligte*] Sache [*z. B. eine zerschlagene Haustür zur Rettung des Selbstmörders*] zu verbieten, wenn die Einwirkung [*als Mittel*] zur Abwendung einer gegenwärtigen [*von dritter Seite ausgehenden, vgl. § 228*] Gefahr [*für Personen oder Sachen*] notwendig [*d. h. sofortige Abhilfe erforderlich ist*] und der drohende Schaden gegenüber dem aus der Einwirkung dem Eigentümer [*vermutlich*] entstehenden Schaden [*an der angegriffenen Sache und mittelbar in seinem Vermögen*] unverhältnismäßig groß ist. [*Abwägung der bedrohten Güter. Folgen: Duldungspflicht. Die Einwirkung ist rechtmäßig.*] ([2]) Der Eigentümer [*und Besitzer*] kann [*als Ausgleich für die Duldungspflicht trotz Rechtmäßigkeit des Eingriffs*] Ersatz [*§§ 249–255*] des ihm [*unmittelbar oder mittelbar*] entstehenden Schadens [*der kausal auf die Einwirkung zurückzuführen ist*] verlangen.

[Ersatzpflichtig ist der Einwirkende, auch wenn die Hilfe einen Dritten begünstigt. Der begünstigte Dritte haftet auch dann nicht, wenn der Einwirkende nach § 330c StGB zum Handeln verpflichtet war; h. M. Verjährung: § 195; nicht: § 852.]

§ 905 (Räumlich geschützter Bereich des Grundeigentums)

([1]) Das Recht des Eigentümers eines Grundstücks erstreckt sich auf den Raum über der Oberfläche und auf den Erdkörper unter der Oberfläche. ([2]) Der Eigentümer kann jedoch Einwirkungen nicht verbieten [*nach §§ 903, 1004, 823 ff*], die in solcher Höhe oder Tiefe vorgenommen werden, daß er an der Ausschließung kein Interesse hat [*oder bei Duldungspflicht nach §§ 906, 912*].

§ 906 (Einwirkungen von Nachbargrundstücken)

(I) Der Eigentümer [*auch der Besitzer, BGHZ 70, 220*] eines Grundstücks kann die Zuführung [*vgl. Abs. III*] von [*z. B.*] Gasen, Dämpfen, Gerüchen, Rauch, Ruß, Wärme, Geräusch, Erschütterungen und »ähnliche« von einem anderen [*!*] Grundstück [*das nicht das Nachbargrundstück sein muß*] ausgehende [*grundsätzlich unkörperliche*] Einwirkungen [*wie z. B. Staub, Laub oder grelle Lichtreflexe. Grob-körperliche Stoffe, z. B. Steine, sind keine ähnlichen Einwirkungen, vgl. Abs. III*] insoweit »nicht verbieten« [*iSv § 1004 II, d. h. Duldungspflicht*], als die [*unkörperliche*] Einwirkung die Benutzung seines Grundstücks nicht [*!*] oder nur unwesentlich [*!*] [*nach dem Empfinden eines Durchschnittsmenschen, nicht des Eigentümers*] beeinträchtigt. *[Folge: Duldungspflicht; keine Entschädigung. Nicht unter Abs. I fallen der Entzug von Licht, die Störung des Rundfunk- und Fernsehempfangs, sog. negative Einwirkungen, oder die Beeinträchtigung des ästhetischen Empfindens des Eigentümers, sog. ideelle Einwirkung, z. B. Nacktherumlaufen im benachbarten Freibad. Abwehrrechte: Abs. III m. Anm.]*

(II[1]) Das gleiche gilt [*hinsichtlich der Duldungspflicht*] insoweit, als eine »wesentliche« Beeinträchtigung [*mittels unkörperlicher Einwirkungen iSv Abs. I, z. B. Fluglärm*] durch eine »ortsübliche« Benutzung des anderen [*störenden*] Grundstücks herbeigeführt wird und [*!*] nicht durch Maßnahmen verhindert werden kann, die Benutzern »dieser Art« [*objektiver Maßstab!*] »wirtschaftlich zumutbar« sind. *[Folge: Duldungspflicht, S 2, Entschädigungspflicht. Bei wirtschaftlich unzumutbaren oder ortsunüblichen wesentlichen Beeinträchtigungen besteht keine Duldungspflicht; daher Abwehranspruch aus § 1004 I.]* ([2]) Hat der Eigentümer [*oder der Besitzer*] hiernach eine [*wesentliche ortsübliche*] Einwirkung [*nach S 1*] zu dulden, so kann er von dem »Benutzer« [*!*] des anderen [*störenden*] Grundstücks einen »angemessenen [*nicht vollen*] Ausgleich in Geld« verlangen, wenn [*als zusätzliche Voraussetzung*] die Einwirkung eine »ortsübliche« Benutzung seines [*gestörten*] Grundstücks oder dessen [*wirtschaftlichen*] Ertrag über das zumutbare Maß hinaus [*an der Grenze der Existenzgefährdung*] beeinträchtigt. *[Ortsunübliche Benutzung und zumutbare Ertragsschmälerung sind nicht ausgleichspflichtig. Verjährung: § 195; nicht: § 852.]*

(III) Die Zuführung durch eine besondere Leitung ist [*stets*] unzulässig [*und daher nicht zu dulden*]. *[Rechtsfolgen nicht zu duldender Einwirkungen: Abwehranspruch aus §§ 1004 I, 903; als Besitzer des Grundstücks auch die Besitzschutzklage aus §§ 858,*

862. Bei Verschulden Schadensersatz aus §§ 823 ff, 826. Bei »negativen« Einwirkungen ergibt sich der Abwehranspruch nicht aus § 1004 I, sondern nur aus § 242 iVm dem Gedanken des nachbarlichen Gemeinschaftsverhältnisses. Bei Verletzung nachbarschützender Bebauungsvorschriften kann auch ein quasi-negatorischer Beseitigungsanspruch nach § 823 II iVm den Bebauungsvorschriften gegeben sein. »Ideelle« Einwirkungen können weder nach § 1004 I, noch aus § 823 I – Verletzung des allgemeinen Persönlichkeitsrechts – abgewehrt werden. Grob-körperliche Einwirkungen sind grds. nicht nach § 906 I zu dulden. Jedoch kann sich aus dem nachbarlichen Gemeinschaftsverhältnis, § 242, eine Duldungspflicht – über § 906 I hinaus – ergeben. Es besteht dann Anspruch auf volle Schadloshaltung, str.; aA: nur angemessene. Führt die Einwirkung zu einer wesentlichen Beeinträchtigung, geht sie jedoch von einem nach BImSchG genehmigten Betrieb aus: Duldungs- und Entschädigungspflicht nach § 14 BImSchG. Geht die nach § 906 nicht zu duldende Einwirkung von einem privatrechtlich organisierten, für die Allgemeinheit lebenswichtigen Betrieb, privates E-Werk, BGHZ 60, 119, aus: Duldungspflicht und Anspruch auf angemessene Entschädigung, sog. bürgerlichrechtlicher Aufopferungsanspruch. Beruht die Einwirkung auf hoheitlichem Handeln: Duldungspflicht und Entschädigung aus enteignendem oder enteignungsgleichem Eingriff; BGHZ 66, 37: Energieversorgungsleitung.]

§ 907 (Gefährliche Anlagen auf Grundstücken)

(I[1]) Der Eigentümer eines Grundstücks kann verlangen [*als Sonderfall des Unterlassungsanspruchs nach § 1004*], daß auf den Nachbargrundstücken nicht Anlagen hergestellt oder gehalten werden, von denen mit Sicherheit vorauszusehen ist, daß ihr Bestand oder ihre Benutzung eine unzulässige Einwirkung auf sein Grundstück zur Folge hat. ([2]) Genügt eine Anlage den landesgesetzlichen Vorschriften, die einen bestimmten Abstand von der Grenze oder sonstige Schutzmaßregeln vorschreiben, so kann die Beseitigung der Anlage erst verlangt werden, wenn die unzulässige Einwirkung tatsächlich hervortritt.

(II) Bäume und Sträucher gehören nicht zu den Anlagen im Sinne dieser Vorschriften [*vgl. §§ 910, 911, 923. Ansprüche aus §§ 907–909 sind unverjährbar, § 924*].

§ 908 (Einsturzgefahr)

Droht einem Grundstücke die Gefahr, daß es durch den Einsturz eines Gebäudes oder eines anderen Werkes, das mit einem Nachbargrundstücke verbunden ist, oder durch die Ablösung von Teilen des Gebäudes oder des Werkes beschädigt wird, so kann der Eigentümer von demjenigen, welcher nach dem § 836 Abs. 1 oder den §§ 837, 838 für den eintretenden Schaden verantwortlich sein würde, verlangen, daß er die zur Abwendung der Gefahr erforderliche Vorkehrung trifft [*vgl. § 924*].

§ 909 (Verbotene Vertiefung)

Ein Grundstück darf nicht in der Weise vertieft werden, daß der Boden des Nachbargrundstücks die erforderliche Stütze verliert, es sei denn, daß für eine genügende anderweitige Befestigung gesorgt ist. [*Der Anspruch geht auf Beseitigung bzw. Unterlassung, bei Verschulden auf Schadensersatz gemäß § 823 II, da § 909 Schutzgesetz iS dieser Norm ist. Vgl. auch § 924.*]

§ 910 (Überragen von Zweigen etc.)

(I[1]) Der Eigentümer eines Grundstücks kann Wurzeln eines Baumes oder eines Strauches, die von einem Nachbargrundstück eingedrungen sind, abschneiden und behalten. ([2]) Das gleiche gilt von herüberragenden Zweigen, wenn der Eigentümer dem Besitzer des Nachbargrundstücks eine angemessene Frist zur Beseitigung bestimmt hat und die Beseitigung nicht innerhalb der Frist erfolgt.

(II) Dem Eigentümer steht dieses Recht nicht zu, wenn die Wurzeln oder die Zweige die Benutzung des Grundstücks nicht beeinträchtigen.

§ 911 (Überfallende Früchte)

([1]) Früchte, die von einem Baume oder einem Strauche auf ein Nachbargrundstück hinüberfallen, gelten als Früchte dieses Grundstücks [*vgl. auch §§ 953 ff*]. ([2]) Diese Vorschrift findet keine Anwendung, wenn das Nachbargrundstück dem öffentlichen Gebrauche dient.

§ 912 (Entschuldigter und unentschuldigter Überbau)

(I) Hat der »Eigentümer« eines Grundstücks [*Erbbauberechtigte. Nicht: Mieter und Pächter ohne Zustimmung*] bei der Errichtung eines »Gebäudes« [*nicht: einzelne Mauer*] über die [*Grundstücks-*]Grenze [*über oder unter der Erdoberfläche*] gebaut, ohne daß [*der Nachbar den Überbau gestattet hat, vgl. Abs. II: rechtmäßiger Überbau, und ohne daß*] ihm [*oder z. B. bauleitendem Architekten, § 166 analog*] Vorsatz oder grobe Fahrlässigkeit zur Last fällt [*wenn ja: unentschuldigter Überbau. Widerspruch unnötig*], so hat der »Nachbar« [*d.h. der jeweilige Eigentümer des benachbarten Grundstücks. Vgl. § 916*] den [*sog. entschuldigten*] Überbau zu »dulden« [*iSv § 1004 II. Folge: kein Beseitigungsanspruch, § 1004 I. Rente: Abs. II*], es sei denn, daß er [*und auch Berechtigter aus § 916*] vor oder sofort nach der Grenzüberschreitung Widerspruch erhoben hat. [*Folge: unentschuldigter Überbau. Der Nachbar kann Beseitigung, § 1004 I, und Herausgabe, § 985, der überbauten Fläche verlangen. Kein Zurückbehaltungsrecht wegen Baukosten, §§ 994 ff, oder wegen Bereicherungsausgleichs; § 951 I 1 ist durch §§ 994 ff ausgeschlossen.*]

(II[1]) Der [*duldungspflichtige!*] Nachbar ist durch eine Geldrente [*sog. Überbaurente, vgl. § 914*] zu entschädigen [*vgl. § 913*]. ([2]) Für die Höhe der Rente ist die Zeit der Grenzüberschreitung maßgebend. [*Eigentumsverhältnisse am hinübergebauten Gebäudeteil: 1. unentschuldigter Überbau: jedem gehört der auf seinem Grundstück stehende Gebäudeteil, §§ 94, 946. 2. entschuldigter Überbau: analog § 95 I 2 wird der Überbauende Eigentümer des ganzen Hauses, auch des übergebauten Teils. 3. beim rechtmäßigen Überbau – der Nachbar ist mit dem Überbau einverstanden – gelten die §§ 912 ff nicht; die Duldungs- und Entschädigungspflicht richtet sich nach der Parteivereinbarung. Eigentumsverhältnisse wie bei entschuldigtem Überbau: § 95 I 2 analog.*

§ 913 (Überbaurente; Berechtigte und Verpflichtete)

(I) Die Rente für den Überbau ist dem jeweiligen Eigentümer des Nachbargrundstücks von dem jeweiligen Eigentümer des anderen Grundstücks [*und dem Berechtigten des § 916*] zu entrichten.

(II) Die Rente ist jährlich im voraus zu entrichten.

§ 914 (Rang und Übertragung der Rente)

(I[1]) Das Recht auf die Rente [*§ 912 II*] geht allen [*anderen dinglichen*] Rechten an dem belasteten Grundstück, auch den älteren, [*im Range*] vor [*ohne Eintragung, vgl. Abs. II 1 und § 879*]. ([2]) Es erlischt mit der Beseitigung des Überbaues [*und nach § 875*].

(II[1]) Das [*Renten-*]Recht wird nicht in das Grundbuch eingetragen. [*Das belastete Grundstück kann daher auch von einem gutgläubigen Erwerber nicht »rentenfrei«, § 892 I 1, erworben werden.*] ([2]) Zum Verzicht [*§ 875*] auf das Recht sowie zur Feststellung der Höhe der Rente durch Vertrag ist die Eintragung erforderlich.

(III) Im übrigen finden die Vorschriften Anwendung, die für eine zugunsten des jeweiligen Eigentümers eines Grundstücks bestehende Reallast gelten [*§§ 1105ff. Übertragung der Rente: § 96*].

§ 915 (Recht auf Grundabnahme)

(I[1]) Der Rentenberechtigte [*d. h. der duldungspflichtige Eigentümer des überbauten Grundstücks*] kann [*anstelle der Überbaurente, § 912 II*] jederzeit verlangen, daß der Rentenpflichtige [*vgl. § 913*] ihm gegen Übertragung des Eigentums [*nach § 925*] an dem überbauten Teile des [*eigenen*] Grundstücks [*als »Kaufpreis«*] den Wert ersetzt, den dieser Teil zur Zeit der Grenzüberschreitung gehabt hat [*sog. Recht auf Grundabnahme*]. ([2]) Macht er von dieser [*unverjährbaren, § 924*] Befugnis Gebrauch [*durch formfreie, einseitige Erklärung*], so bestimmen sich die Rechte und Verpflichtungen beider Teile nach den Vorschriften über den Kauf [*z. B. nach §§ 433ff. Nicht gilt: § 439 und § 313*].

(II) Für die Zeit bis zur Übertragung des Eigentums ist die Rente fortzuentrichten.

§ 916 (Beeinträchtigung von Dienstbarkeiten)

Wird durch den Überbau ein Erbbaurecht oder eine Dienstbarkeit an dem Nachbargrundstücke beeinträchtigt, so finden zugunsten des Berechtigten die Vorschriften der §§ 912 bis 914 entsprechende Anwendung.

§ 917 (Notweg)

(I[1]) Fehlt einem Grundstücke die zur ordnungsmäßigen Benutzung notwendige Verbindung mit einem öffentlichen Wege [*dies braucht kein Weg auf dem Nachbargrundstück zu sein. Die Verbindung kann auch unter der Oberfläche des Grundstücks verlaufen, z. B. Gas-, Wasserrohre, auch unterirdische Abwasserkanäle*], so kann der

Eigentümer von den Nachbarn verlangen [*ausgeschlossen durch § 918*], daß sie bis zur Hebung des Mangels die Benutzung ihrer Grundstücke zur Herstellung der erforderlichen Verbindung dulden. [*Folge: Durch Verlangen entsteht eine gesetzliche Eigentumsbeschränkung des Nachbargrundstücks. Entschädigung durch Rente, Abs. II. Das Notwegrecht ist nicht eintragungsbedürftig. Das belastete Grundstück kann daher niemals »notwegfrei« nach § 892 I 1 erworben werden.*] ([2]) Die Richtung des Notwegs und der Umfang des Benutzungsrechts werden erforderlichen Falles durch Urteil bestimmt.

(II[1]) Die Nachbarn, über deren Grundstücke der Notweg führt, sind durch eine Geldrente [*die immer der Eigentümer zu zahlen hat, auch wenn er das Grundstück verpachtet hat*] zu entschädigen. ([2]) Die Vorschriften des § 912 Abs. 2 Satz 2 und der §§ 913, 914, 916 finden entsprechende Anwendung.

§ 918 (Ausschluß der Duldungspflicht)

(I) Die Verpflichtung zur Duldung des Notwegs tritt nicht ein, wenn die bisherige Verbindung des Grundstücks mit dem öffentlichen Wege durch eine willkürliche Handlung [*z. B. Abbruch einer Brücke, Aufgabe eines Wegerechts*] des Eigentümers aufgehoben wird.

(II[1]) Wird infolge der Veräußerung eines Teiles des Grundstücks der veräußerte oder der zurückbehaltene Teil von der Verbindung mit dem öffentlichen Wege abgeschnitten, so hat der Eigentümer desjenigen Teiles, über welchen die Verbindung bisher stattgefunden hat, den Notweg zu dulden. ([2]) Der Veräußerung eines Teiles steht die Veräußerung eines von mehreren demselben Eigentümer gehörenden Grundstücken gleich [*vgl. § 924*].

§ 919 (Grenzmarkierung)

(I) Der Eigentümer eines Grundstücks kann von dem Eigentümer eines Nachbargrundstücks verlangen, daß dieser zur Errichtung fester Grenzzeichen und, wenn ein Grenzzeichen verrückt oder unkenntlich geworden ist, zur Wiederherstellung mitwirkt.

(II) Die Art der Abmarkung und das Verfahren bestimmen sich nach den Landesgesetzen; enthalten diese keine Vorschriften, so entscheidet die Ortsüblichkeit.

(III) Die Kosten der Abmarkung sind von den Beteiligten zu gleichen Teilen zu tragen, sofern nicht aus einem zwischen ihnen bestehenden Rechtsverhältnisse sich ein anderes ergibt.

§ 920 (Grenzunklarheiten)

(I[1]) Läßt sich im Falle einer Grenzverwirrung die richtige Grenze nicht ermitteln, so ist für die Abgrenzung der Besitzstand maßgebend. ([2]) Kann der Besitzstand nicht festgestellt werden, so ist jedem der Grundstücke ein gleich großes Stück der streitigen Fläche zuzuteilen.

(II) Soweit eine diesen Vorschriften entsprechende Bestimmung der Grenze zu einem Ergebnisse führt, das mit den ermittelten Umständen, insbesondere mit der feststehenden Größe der Grundstücke, nicht übereinstimmt, ist die Grenze so zu ziehen, wie es unter Berücksichtigung dieser Umstände der Billigkeit entspricht.

§ 921 (Gemeinschaftliches Benutzungsrecht von Grenzeinrichtungen)

Werden zwei Grundstücke durch einen Zwischenraum, Rain, Winkel, einen Graben, eine Mauer, Hecke, Planke oder eine andere Einrichtung, die zum Vorteile beider Grundstücke dient, voneinander geschieden, so wird vermutet, daß die Eigentümer der Grundstücke zur Benutzung der Einrichtung gemeinschaftlich berechtigt seien, sofern nicht äußere Merkmale darauf hinweisen, daß die Einrichtung einem der Nachbarn allein gehört.

§ 922 (Benutzungsverhältnis der Grenzeinrichtungen im einzelnen)

([1]) Sind die Nachbarn zur Benutzung einer der im § 921 bezeichneten Einrichtungen gemeinschaftlich berechtigt, so kann jeder sie zu dem Zwecke, der sich aus ihrer Beschaffenheit ergibt, insoweit benutzen, als nicht die Mitbenutzung des anderen beeinträchtigt wird. ([2]) Die Unterhaltungskosten sind von den Nachbarn zu gleichen Teilen zu tragen. ([3]) Solange einer der Nachbarn an dem Fortbestande der Einrichtung ein Interesse hat, darf sie nicht ohne seine Zustimmung beseitigt oder geändert werden. ([4]) Im übrigen bestimmt sich das Rechtsverhältnis zwischen den Nachbarn nach den Vorschriften über die Gemeinschaft.

§ 923 (Grenzbaum)

(I) Steht auf der Grenze ein Baum, so gebühren die Früchte und, wenn der Baum gefällt wird, auch der Baum den Nachbarn zu gleichen Teilen.

(II[1]) Jeder der Nachbarn kann die Beseitigung des Baumes verlangen. ([2]) Die Kosten der Beseitigung fallen den Nachbarn zu gleichen Teilen zur Last. ([3]) Der Nachbar, der die Beseitigung verlangt, hat jedoch die Kosten allein zu tragen, wenn der andere auf sein Recht an dem Baume verzichtet; er erwirbt in diesem Falle mit der Trennung das Alleineigentum. ([4]) Der Anspruch auf die Beseitigung ist ausgeschlossen, wenn der Baum als Grenzzeichen dient und den Umständen nach nicht durch ein anderes zweckmäßiges Grenzzeichen ersetzt werden kann.

(III) Diese Vorschriften gelten auch für einen auf der Grenze stehenden Strauch.

§ 924 (Verjährung)

Die Ansprüche, die sich aus den §§ 907 bis 909, 915, dem § 917 Abs. 1, dem § 918 Abs. 2, den §§ 919, 920 und dem § 923 Abs. 2 ergeben, unterliegen nicht der Verjährung.

Zweiter Titel
[Rechtsgeschäftlicher]
Erwerb
[§§ 925 ff]
und Verlust
[§§ 927, 928]
des Eigentums an Grundstücken

[Dieser Titel behandelt nicht den Erwerb oder Verlust kraft Gesetzes, z. B. durch Erbfolge, § 1922, Hoheitsakt, z. B. Zuschlag in der Zwangsversteigerung, § 90 ZVG, oder Enteignung etc.]

§ 925 (Form der Auflassung)

(I[1]) Die zur [*rechtsgeschäftlichen*] Übertragung des Eigentums [*oder Miteigentumsanteils, vgl. §§ 1008 ff*] an einem Grundstück nach § 873 erforderliche [*abstrakte, dingliche*] Einigung des Veräußerers und des Erwerbers (Auflassung) [*bedarf zur Wirksamkeit einer behördlichen Genehmigung in den Fällen der §§ 1643 I, 1821 I Nr. 1; § 2 GrdstVG; § 51 BBauG, §§ 15, 57 I Nr. 3 StBauFG und*] muß bei gleichzeitiger Anwesenheit beider Teile [*Vertretung erlaubt*] vor einer zuständigen Stelle [*vgl. S 2, ausdrücklich*] erklärt werden. [*Anderenfalls: Nichtigkeit nach § 125 S 1*] ([2]) Zur Entgegennahme der Auflassung ist, unbeschadet der Zuständigkeit weiterer Stellen, jeder Notar [*§§ 1 ff, 20 II BNotO, § 2 BeurkG*] zuständig. ([3]) Eine Auflassung kann auch in einem gerichtlichen Vergleich [*vgl. § 794 I Nr. 1 ZPO*] erklärt werden.

(II) Eine Auflassung, die unter einer Bedingung [*§ 158*] oder einer Zeitbestimmung [*§ 163*] erfolgt, ist unwirksam. [*Rechtsbedingungen, wie z. B. die noch ausstehende vormundschaftsgerichtliche Genehmigung in den Fällen der §§ 1643, 1821 I Nr. 1, sind zulässig. Zum Eigentumsübergang ist noch die Eintragung erforderlich. Schon vor der Eintragung ins Grundbuch erhält der Auflassungsempfänger ein übertragbares, verpfändbares und pfändbares Anwartschaftsrecht, wenn die Auflassung unwiderruflich erklärt ist und er selbst den Eintragungsantrag, § 13 II GBO, gestellt hat. Vgl. BGHZ 49, 197.*]

§ 925 a (Vorlage des Grundgeschäfts)

Die Erklärung einer Auflassung [*§ 925*] »soll« [*von der zuständigen Stelle, § 925 I 2,3*] nur entgegengenommen werden, wenn die nach § 313 Satz 1 erforderliche Urkunde über den Vertrag vorgelegt oder gleichzeitig errichtet wird. [*Ordnungsvorschrift, deren Nichtbeachtung die Auflassung nicht unwirksam macht.*]

§ 926 (Erwerb von Zubehör)

(I[1]) Sind der Veräußerer und der Erwerber [*dinglich iSd § 929 1*] darüber einig, daß sich die Veräußerung [*§§ 925, 873*] auf das Zubehör [*§§ 97, 98*] des Grundstücks erstrecken soll [*vgl. S 2*], so erlangt der Erwerber mit dem Eigentum an dem Grundstück [*also mit der Auflassung und der Eintragung im Grundbuch*] auch das Eigentum an den zur Zeit des [*Eigentums-*]Erwerbes vorhandenen Zubehörstücken, soweit sie dem Veräußerer gehören [*ohne daß es einer nach den Vorschriften über den Eigentumserwerb an beweglichen Sachen, §§ 929ff, sonst erforderlichen Übergabe oder eines Übergabeersatzes bedarf. Wenn sie dem Veräußerer nicht gehören, vgl. Abs. II*]. (2) Im Zweifel ist anzunehmen, daß sich die Veräußerung auf das Zubehör erstrekken soll.

(II) Erlangt der Erwerber auf Grund der Veräußerung den Besitz von Zubehörstücken, die dem Veräußerer nicht gehören [*d. h. nicht in seinem Eigentum stehen*] oder mit Rechten Dritter belastet sind, so finden [*auf den gutgläubigen Erwerb*] die [*allgemeinen*] Vorschriften der §§ 932 bis 936 Anwendung [*d. h. nur bei Besitzerlangung und kraft guten Glaubens ist – lastenfreier – Eigentumserwerb möglich*]; für den guten Glauben des Erwerbers [*vgl. §§ 932 I 1, II, 936*] ist die Zeit der Erlangung des Besitzes maßgebend. [*Zum Grundgeschäft: vgl. § 314. Bzgl. wesentlicher Bestandteile: §§ 93, 94*]

§ 927 (Ausschluß des Grundstückseigentümers)

(I1) Der [*wahre*] Eigentümer eines Grundstücks [*der im Grundbuch nicht eingetragen ist*] kann, wenn das Grundstück seit dreißig Jahren im Eigenbesitz [*§ 872; auch mittelbarer Besitz: § 868*] eines anderen [*des Klägers*] ist [*der nicht im Grundbuch eingetragen ist, vgl. § 900*], im Wege des Aufgebotsverfahrens [*vgl. §§ 946–959, 977–981 ZPO*] mit seinem Rechte ausgeschlossen werden. [*Durch das Ausschlußurteil wird das Grundstück herrenlos. Der im Urteil genannte Eigenbesitzer hat dann ein Aneignungsrecht, das er nach Abs. II ausübt.*] (2) Die Besitzzeit wird in gleicher Weise berechnet wie die Frist für die Ersitzung einer beweglichen Sache [*§§ 938–944*]. (3) Ist der Eigentümer [*noch*] im Grundbuch eingetragen, so ist das Aufgebotsverfahren nur zulässig, wenn [*außer Eigenbesitz des Klagenden seit 30 Jahren*] er [*der Eigentümer*] gestorben oder verschollen ist und eine Eintragung in das Grundbuch, die der Zustimmung des [*jeweiligen, hM*] Eigentümers bedurfte, seit dreißig Jahren nicht erfolgt ist.

(II) Derjenige [*klagende Eigenbesitzer*], welcher das Ausschlußurteil [*§ 979 ZPO*] erwirkt hat, erlangt das Eigentum dadurch, daß er sich als Eigentümer in das Grundbuch eintragen läßt. [*Hindernis u. U.: Abs. III.*]

(III) Ist vor der Erlassung des Ausschlußurteils ein Dritter als Eigentümer oder wegen des Eigentums eines Dritten ein Widerspruch gegen die Richtigkeit des Grundbuchs eingetragen worden, so wirkt das Urteil nicht gegen den Dritten.

§ 928 (Aufgabe des Eigentums; Aneignungsrecht des Fiskus)

(I) Das Eigentum an einem Grundstücke kann dadurch aufgegeben werden, daß der Eigentümer den Verzicht dem Grundbuchamte gegenüber erklärt [*§§ 130 I, III; 925 II analog; § 29 GBO*] und der Verzicht in das Grundbuch eingetragen wird. [*Das Grundstück wird herrenlos; die Belastungen bleiben bestehen. Ausschließliches Aneignungsrecht des Fiskus entsteht, vgl. Abs. II.*]

(II1) Das Recht zur Aneignung des aufgegebenen Grundstücks steht dem Fiskus des Bundesstaats zu, in dessen Gebiete das Grundstück liegt. (2) Der Fiskus erwirbt das Eigentum [*kraft Gesetzes: § 892 kommt daher nicht in Frage*] dadurch, daß er sich als Eigentümer in das Grundbuch eintragen läßt. [*Vgl. § 875 zur Aufhebung dinglicher Grundstücksrechte.*]

Dritter Titel
Erwerb und Verlust des Eigentums an beweglichen Sachen

[§§ 929–984]

[Dieser Titel behandelt den Erwerb durch Rechtsgeschäft, §§ 929–936, und kraft Gesetzes, §§ 937 ff, 946 ff, 958 ff, 965 ff; neben den im dritten Titel aufgezählten gesetzlichen Erwerbsgründen sind noch bedeutsam: § 588 II; durch Surrogation, §§ 1075, 1247 S 2, 1287 S 1, 1473, 1646, 2019, 2041, 2111; durch Erbfall, § 1922; §§ 1416 II, 1485 II. Nicht erörtert ist der Erwerb kraft staatlichen Hoheitsaktes, z. B. nach §§ 814 ff ZPO.]

I. Übertragung

[§§ 929–936]

§ 929 (Einigung und Übergabe)

(1) Zur [*rechtsgeschäftlichen*] Übertragung des Eigentums [*des Miteigentumsanteils, § 1008, und der Anwartschaft*] an einer [*bestimmten*] beweglichen Sache [*nichtig: eine Sachgesamtheit wie »Warenlager«*] ist erforderlich, daß der [*bis zur Vollendung des Rechtserwerbes verfügungsbefugte*] Eigentümer [*oder auf dessen Weisung der Besitzdiener, § 855, oder der Besitzmittler, § 868, oder dritte Geheißperson, hM*] die Sache dem Erwerber [*oder auf dessen Weisung dem Besitzdiener, § 855, oder dem Besitzmittler, § 868, oder dritter Geheißperson, hM*] übergibt [*körperlich: § 854 I; durch Einigung: § 854 II; oder Traditionspapiere*] und beide [*unzulässig: § 328 analog*] darüber [*bis zur Übergabe widerruflich*] einig sind, daß das Eigentum übergehen soll. [*Es gelten die §§ 104–185, ins. § 164, Stellvertretung.*] (2) Ist der Erwerber [*schon*] im Besitze [*auch mittelbarer Besitz, wenn ein Dritter unmittelbarer Besitzer ist. Nicht: § 854 II*] der Sache, so genügt die Einigung [*S 1*] über den Übergang des Eigentums. [*Übereignung an Besitzdiener nach S 1 mit § 854 II.*]

[*Das Anwartschaftsrecht des Eigentumsvorbehaltskäufers erlischt, mit Wegfall der Kaufpreisforderung, z. B. nach §§ 455, 326 oder §§ 119, 123, 142 I. Ohne Zustimmung des Verkäufers kann es analog §§ 929 ff übertragen, nur wie ein Recht, §§ 1273, 1274 I 2, 1205 – Übergabe erforderlich – verpfändet und in Form der Sach- und Rechtspfändung, §§ 857, 829 III, 808 ZPO, sog. Doppelpfändung, gepfändet werden. Die gesetzlichen Pfandrechte, §§ 559, 590, 647, 704, und die Hypothekenhaftung, §§ 1120 ff, erfassen auch das Anwartschaftsrecht; bei Bedingungseintritt setzen sie sich am Eigentum fort, § 1287 S 2 analog. Dem Anwartschaftsberechtigten stehen die Ansprüche zu aus §§ 861, 1007, Besitzschutz, aus §§ 985, 987 ff analog; Doppelberechtigung des Verkäufers aus Eigentum und des Käufers aus Anwartschaft ist analog § 432 bzw. § 851 zu lösen, Konkurrenzverhältnis zu § 823 I ungeklärt, aus § 823 I, sonstiges Recht – §§ 432, 851 analog – aus § 816 I 1 analog. Gegenüber dem Herausgabeanspruch des Eigentumsvorbehaltsverkäufers aus § 985 ist der Käufer durch das Besitzrecht aus dem Kaufvertrag und dem dinglichen Anwartschaftsrecht, str., geschützt. Der Eigentumserwerb bei Bedingungseintritt ist durch §§ 161 I, III, 936 III analog sichergestellt. Das Anwartschaftsrecht kann vom Nichteigentümer nach §§ 932 ff und vom Nichtanwärter analog §§ 932 ff gutgläubig erworben werden. Besteht im letzteren Fall kein Anwartschaftsrecht eines Dritten, so ist ein gutgläubiger Erwerb vom Nichtanwärter zu Lasten des wahren Eigentumsvorbehaltskäufers nicht möglich, str.*]

§ 929a (Übereignung nicht eingetragener Seeschiffe)

(I) Zur Übertragung des Eigentums an einem Seeschiff, das nicht im Schiffsregister eingetragen ist, oder an einem Anteil an einem solchen Schiff ist die Übergabe nicht erforderlich, wenn der Eigentümer und der Erwerber darüber einig sind, daß das Eigentum sofort übergehen soll.

(II) Jeder Teil kann verlangen, daß ihm auf seine Kosten eine öffentlich beglaubigte Urkunde über die Veräußerung erteilt wird.

§ 930 (Übergabeersatz: Besitzkonstitut)

Ist der Eigentümer im [*unmittelbaren, mittelbaren oder Mit-*]Besitze der Sache, so kann die »Übergabe« [*iSd § 929 S 1*] dadurch ersetzt werden, daß zwischen ihm und dem Erwerber ein [*in § 868 aufgeführtes oder konkretes*] Rechtsverhältnis [*mit Herausgabeanspruch*] vereinbart wird [*zulässig auch durch Vertreter, § 164, Insichkonstitut, § 181, und noch bevor Veräußerer Besitz und Eigentum erworben hat, antizipiertes Besitzkonstitut*], vermöge dessen der Erwerber den mittelbaren [*Eigen-*]Besitz [*auch § 871*] erlangt [*und der Veräußerer im Fremdbesitze der Sache bleibt. Erwerb vom Nichteigentümer: § 933. Rechte Dritter: § 936 I 3*].

[*Sicherungseigentum wird nach §§ 929 ff, ins. nach § 930 erworben. Ist der Sicherungsvertrag nichtig, so ist die abstrakte Sicherungsübereignung in der Regel wirksam. Der Sicherungsgeber hat einen Anspruch auf Rückübertragung des Eigentums aus § 812 I 1 1. Alt. Gegenüber § 985 ist er durch § 821 geschützt. Ist die gesicherte Forderung nicht entstanden oder erloschen, so ist die nicht akzessorische Sicherungsübereignung gleichwohl gültig. Ausnahme: Das Bestehen der gesicherten Forderung ist ausdrücklich zur auflösenden Bedingung, § 158 II, der Übereignung gemacht worden. Der Sicherungsnehmer ist nur schuldrechtlich aus dem Sicherungsvertrag – oder bei Nichtvalutierung aus § 812 I 2 2. Alt, str. – zur Rückübertragung verpflichtet. Gegenüber dem Herausgabeverlangen nach § 985 ist der Sicherungsgeber durch das Besitzrecht, § 986, aus dem Sicherungsvertrag geschützt. Das Sicherungseigentum kann isoliert nach § 931 bzw. § 930 ohne die gesicherte Forderung weiterübertragen werden. Die Übereignung ist auch bei evidentem Verstoß gegen den Sicherungsvertrag wirksam; die Regeln des Mißbrauchs der Vertretungsmacht, §§ 177 ff analog, sind unanwendbar. Nach § 986 II wirkt das Besitzrecht des Sicherungsgebers aus dem Sicherungsvertrag auch gegenüber dem Erwerber. Gegen den Rückzahlungsanspruch kann er mit Ersatzansprüchen, §§ 280, 826, u. U. § 823 II, § 266 StGB, aufrechnen. Umgekehrt kann auch die Kreditforderung ohne Sicherungsübereignung abgetreten werden. Das Eigentum geht nicht kraft Gesetzes, §§ 401 I, 1250 I 1 analog, mit über. Analog § 401 I kann der Neugläubiger die Übertragung, § 931, verlangen. Bei Zwangsvollstreckung oder Konkurs des Sicherungsgebers: § 771 ZPO – a A: nur § 805 ZPO – und § 48 KO; des Sicherungsnehmers: § 771 ZPO und § 43 KO, wenn er den Kredit zurückzahlt.*]

§ 931 (Übergabeersatz: Abtretung des Herausgabeanspruchs)

Ist ein Dritter im [*unmittelbaren oder mehrstufigen, § 871, mittelbaren*] Besitze der Sache, so kann die »Übergabe« [*iSd § 929 S 1*] dadurch ersetzt werden, daß der Eigentümer dem Erwerber den Anspruch auf Herausgabe der Sache [*aus Vertrag, z. B. §§ 556, 604, 695, oder Gesetz, z. B. §§ 812, 823; nicht: § 985*] abtritt. [*§ 398, zugleich: § 870. Einwendungen, §§ 406–408, Einreden, § 404, vertragliches Besitzrecht, § 986 II, und dingliche Rechte, § 936 III, des Dritten bleiben bestehen.*]

§ 932 (Gutgläubiger Erwerb durch Übergabe)

(I[1]) Durch eine [*ohne Einwilligung des Eigentümers, § 185 I; dann: §§ 929–931*] nach § 929 [*S 1*] erfolgte Veräußerung [*auch bei Übergabe durch eine vom Veräußerer getäuschte Geheißperson, sehr str.*] wird der Erwerber auch dann Eigentümer, wenn die Sache nicht dem Veräußerer gehört, es sei denn, daß er zu der Zeit, zu der er nach diesen Vorschriften [*S 1: Übergabe; bei §§ 929 1, 158 I: Einigung, nicht Bedingungseintritt, hM*] das Eigentum erwerben würde, nicht in gutem Glauben [*Abs. II oder die Sache abhanden gekommen, § 935*] ist. [*Oder der Erwerb durch uneigennützige Treuhand, ein Nichtverkehrsgeschäft oder durch den ehemals Nichtberechtigten selbst erfolgt.*] ([2]) In dem Falle des § 929 Satz 2 gilt dies [*S 1*] jedoch nur dann, wenn der Erwerber den Besitz [*gerade*] von dem [*nichtberechtigten*] Veräußerer erlangt hatte [*und z. Zt. der Einigung noch gutgläubig ist*].

(II) Der Erwerber ist nicht in gutem Glauben [*Abs. I 1*], wenn ihm [*oder demjenigen aus § 166*] bekannt oder infolge grober Fahrlässigkeit unbekannt ist, daß die Sache nicht dem Veräußerer gehört [*in seinem Eigentum steht. Erweiterung in § 366 HGB: Verfügungsbefugnis. Rechtsfolge: Ist der Erwerber gutgläubig, so erwirbt er vollwertiges endgültiges Eigentum; der Alteigentümer verliert sein Recht. Der Alteigentümer hat gegen den Erwerber keinen Anspruch auf Rückübereignung, weder aus § 812 I 1 2. Alt, noch aus § 823 I. Ausnahme: § 816 I 2. Der ehemalige Eigentümer hat Ausgleichsansprüche nur gegen den nichtberechtigten Veräußerer aus § 816 I 1 sowie bei Verschulden auf Schadensersatz aus z. B. §§ 990, 989, 992; 687 II, 678; 823, 826. Ist der Erwerber bösgläubig oder ist die Sache abhanden gekommen, so ist die Übereignung schwebend unwirksam. Der Erwerber wird dennoch Eigentümer, wenn der Eigentümer genehmigt, §§ 185 II 1 1. Alt, 184 I, oder unter den Voraussetzungen des § 185 II 1 2. und 3. Alt*].

§ 932 a (Nicht eingetragene Seeschiffe)

Gehört ein nach § 929 a veräußertes Schiff nicht dem Veräußerer, so wird der Erwerber Eigentümer, wenn ihm das Schiff vom Veräußerer übergeben wird, es sei denn, daß er zu dieser Zeit nicht in gutem Glauben ist; ist ein Anteil an einem Schiff Gegenstand der Veräußerung, so tritt an die Stelle der Übergabe die Einräumung des Mitbesitzes an dem Schiff.

§ 933 (Gutgläubiger Erwerb bei Abschluß eines Besitzkonstituts)

Gehört eine nach § 930 veräußerte Sache nicht dem Veräußerer, so wird der Erwerber [*erst dann*] Eigentümer, wenn ihm die Sache von dem Veräußerer [*iSv § 929*

S 1] »übergeben« wird [*unmittelbarer Besitz des Erwerbers oder seines Besitzmittlers, um mit der Übergabe Eigentum zu übertragen, str.*], es sei denn, daß er zu dieser Zeit [*der Übergabe*] nicht in gutem Glauben [*s. § 932 II m. Anm.*] ist. [*Ist eine »Übergabe« iSv § 929 S 1 nicht erfolgt, so erwirbt der Gutgläubige kein Eigentum, aber dennoch mittelbaren Besitz. § 139 gilt nicht, so daß er seinerseits nach § 934, 1. Alt, wirksam weiterübereignen kann. Anders, wenn der Eigentümer noch mittelbaren Nebenbesitz hat, s. § 934 m. Anm.*]

§ 934 (Gutgläubiger Erwerb bei Abtretung des Herausgabeanspruchs)

Gehört eine nach § 931 veräußerte Sache nicht dem Veräußerer, so wird der Erwerber, wenn [*1. Alt*] der Veräußerer mittelbarer Besitzer [*§ 868*] der Sache ist, mit der Abtretung [*nach § 398*] des [*Herausgabe-*]Anspruchs, [*2. Alt*] anderenfalls [*kein Herausgabeanspruch*] dann Eigentümer, wenn er den [*unmittelbaren oder mittelbaren*] Besitz der Sache [*in Verwirklichung der Veräußerung*] von dem Dritten erlangt, es sei denn, daß er [*1. Alt*] zur Zeit der Abtretung oder [*2. Alt*] des Besitzerwerbes nicht in gutem Glauben [*s. § 932 II m. Anm.*] ist [*der Eigentümer selbst unmittelbarer, § 936 III analog, str., oder noch mittelbarer Nebenbesitzer ist, weil die Sache im unmittelbaren Besitz dessen verbleibt, dem sie der Eigentümer, z. B. als Lagerhalter, anvertraut hat, sehr str.*].

§ 935 (Abhanden gekommene Sachen)

(I[1]) Der Erwerb des Eigentums auf Grund der §§ 932 bis 934 tritt nicht ein [*sowohl bei der ersten Übertragung als auch bei allen weiteren Veräußerungsgeschäften. Ausnahmen: Abs. II, Genehmigung, § 185 II, oder §§ 937, 946 ff, 950*], wenn die Sache dem [*unmittelbar besitzenden, vgl. S 2*] Eigentümer gestohlen worden, verlorengegangen oder sonst [*Oberbegriff:*] abhanden gekommen war [*er den unmittelbaren Besitz ohne seinen Willen verloren hat. Beispiele: §§ 855, 857, 866 und Weggabe durch Geschäftsunfähige. Nicht bei §§ 106, 123*]. ([2]) Das gleiche gilt, falls der Eigentümer nur mittelbarer Besitzer war, dann, wenn die Sache dem [*unmittelbaren*] Besitzer abhanden gekommen war.

(II) Diese Vorschriften [*des Abs. I*] finden keine Anwendung [*gutgläubiger Erwerb gemäß §§ 932–934 ist also möglich*] auf Geld oder Inhaberpapiere [*§§ 793 ff, 807, § 10 AktG*] sowie auf Sachen, die im Wege »öffentlicher Versteigerung« [*Begriff: § 383 III, vgl. auch §§ 753, 966 II, 1219 I; nicht gemeint ist die Zwangsversteigerung, §§ 814 ff ZPO*] veräußert werden.

§ 936 (Lastenfreier Eigentumserwerb)

(I[1]) Ist eine veräußerte Sache mit dem Rechte eines Dritten belastet [*z. B. vertragliches, § 1204, und gesetzliches, §§ 559, 647, 704, Pfandrecht, Pfändungspfandrecht, § 44 KO, das Anwartschaftsrecht des Eigentumsvorbehaltskäufers und das des Sicherungsgebers bei der auflösend bedingten Sicherungsübereignung*], so erlischt das Recht mit dem Erwerbe des Eigentums [*gleichgültig, ob vom Eigentümer, §§ 929–931, oder vom Nichteigentümer, §§ 932–935; Ausgleich: § 816 I. Ausnahmen: Abs. I 2, 3; Abs. II; Abs. III. Hier hat der Erwerber zwar Eigentum erworben, aber nicht la-*

stenfrei]. (2) In dem Falle des § 929 Satz 2 [*bzw. § 932 I 2*] gilt dies jedoch nur dann, wenn der Erwerber den [*unmittelbaren*] Besitz von dem Veräußerer erlangt hatte. (3) Erfolgt die Veräußerung nach § 929 a [*bzw. § 932 a*] oder § 930 [*bzw. § 933*] oder war die nach § 931 [*bzw. § 934 2. Alt*] veräußerte Sache nicht im mittelbaren Besitze des Veräußerers, so erlischt das Recht des Dritten erst dann, wenn der Erwerber auf Grund der Veräußerung den [*unmittelbaren*] Besitz der Sache erlangt [*vgl. Abs. III*].

(II) Das Recht des Dritten erlischt nicht, wenn [*die Sache dem Inhaber des dinglichen Rechts, z. B. dem Pfandgläubiger, abhanden gekommen ist, § 935 I analog, oder*] der Erwerber zu der nach Absatz 1 maßgebenden Zeit in Ansehung des [*Bestehens des belastenden*] Rechtes nicht in gutem Glauben [*§ 932 II analog; Erweiterung: § 366 II HGB*] ist [*Erlöschen trotz Kenntnis: § 1242 II*].

(III) Steht im Falle des § 931 [*oder § 934 1. Alt*] das Recht [*ins. das Anwartschaftsrecht und auch das Eigentum selbst, str.*] dem dritten [*unmittelbaren oder mittelbaren*] Besitzer zu, so erlischt es auch dem gutgläubigen Erwerber gegenüber nicht.[*Zum Vergleich: § 986 II.*]

II. Ersitzung

[§§ 937–945]

§ 937 (Voraussetzungen)

(I) Wer [*ohne Eigentum erlangt zu haben, z. B. §§ 935 I, 105 I*] eine bewegliche Sache zehn Jahre [*§§ 939–942*] im [*gutgläubigen, Abs. II*] Eigenbesitze [*§ 872*] hat [*§§ 943, 944*], erwirbt [*kraft Gesetzes*] das [*unbelastete, § 945*] Eigentum [*u. U. die Lastenfreiheit allein. Sog.*] (Ersitzung).

(II) Die Ersitzung ist ausgeschlossen, wenn der Erwerber bei dem Erwerbe des Eigenbesitzes [*sein fehlendes Eigentum kennt oder grob fahrlässig nicht kennt, also*] nicht in gutem Glauben ist oder wenn er später erfährt, daß ihm das Eigentum nicht zusteht.

[*Das ersessene Eigentum kann aus Vertrag, z. B. §§ 556, 604, Leistungskondiktion oder aus § 816 I 2 herausverlangt werden, str. Der Veräußerer einer abhanden gekommenen, aber ersessenen Sache schuldet Erlösherausgabe, analog § 816 I 1.*]

§ 938 (Besitzvermutung)

Hat jemand eine Sache am Anfang und am Ende eines Zeitraums im Eigenbesitze gehabt, so wird vermutet, daß sein Eigenbesitz auch in der Zwischenzeit bestanden habe.

§ 939 (Hemmung der Ersitzung)

Die Ersitzung kann nicht beginnen und, falls sie begonnen hat, nicht fortgesetzt werden, solange die Verjährung des Eigentumsanspruchs gehemmt ist oder ihrer Vollendung die Vorschriften der §§ 206, 207 entgegenstehen.

§ 940 (Unterbrechung durch Besitzverlust)

(I) Die Ersitzung wird durch den Verlust des Eigenbesitzes unterbrochen.

(II) Die Unterbrechung gilt als nicht erfolgt, wenn der Eigenbesitzer den Eigenbesitz ohne seinen Willen verloren und ihn binnen Jahresfrist oder mittels einer innerhalb dieser Frist erhobenen Klage wiedererlangt hat.

§ 941 (Unterbrechung durch Klageerhebung)

(1) Die Ersitzung wird unterbrochen, wenn der Eigentumsanspruch gegen den Eigenbesitzer oder im Falle eines mittelbaren Eigenbesitzes gegen den Besitzer gerichtlich geltend gemacht wird, der sein Recht zum Besitze von dem Eigenbesitzer ableitet; die Unterbrechung tritt jedoch nur zugunsten desjenigen ein, welcher sie herbeiführt. (2) Die für die Verjährung geltenden Vorschriften der §§ 209 bis 212, 216, 219, 220 finden entsprechende Anwendung.

§ 942 (Wirkung der Unterbrechung)

Wird die Ersitzung unterbrochen, so kommt die bis zur Unterbrechung verstrichene Zeit nicht in Betracht; eine neue Ersitzung kann erst nach der Beendigung der Unterbrechung beginnen.

§ 943 (Ersitzungszeit eines Vorgängers)

Gelangt die Sache durch Rechtsnachfolge in den Eigenbesitz eines Dritten, so kommt die während des Besitzes des Rechtsvorgängers verstrichene Ersitzungszeit dem Dritten zustatten.

§ 944 (Erbschaftsbesitzer)

Die Ersitzungszeit, die zugunsten eines Erbschaftsbesitzers [*vgl. §§ 2018, 2030, auch 2026*] verstrichen ist, kommt dem Erben zustatten.

§ 945 (Lastenfreier Eigentumserwerb)

(1) Mit dem Erwerbe des Eigentums durch Ersitzung erlöschen die an der Sache vor dem Erwerbe des Eigenbesitzes begründeten Rechte Dritter, es sei denn, daß der Eigenbesitzer bei dem Erwerbe des Eigenbesitzes in Ansehung dieser Rechte nicht in gutem Glauben ist oder ihr Bestehen später erfährt. (2) Die Ersitzungsfrist muß auch in Ansehung des Rechtes des Dritten verstrichen sein; die Vorschriften der §§ 939 bis 944 finden entsprechende Anwendung.

III. Verbindung
[§§ 946, 947]
Vermischung
[§ 948]
Verarbeitung
[§ 950]

§ 946 (Eigentumserwerb durch Verbindung beweglicher Sachen mit Grundstükken)

Wird eine [*fremde*] bewegliche Sache mit einem Grundstücke [*oder Gebäude*] dergestalt verbunden, daß sie wesentlicher Bestandteil [*§§ 93–95*] des Grundstücks wird [*z. B. Einbau von Fenstern*], so erstreckt sich das Eigentum an dem Grundstück [*u. U.: §§ 1004 I, 823 ff*] auf diese Sache. [*Ausnahmen: § 5 WEG, § 12 ErbbauVO, entschuldigter Überbau, § 912 m. Anm. Wirkung: §§ 949 S 1, 951 I 1, 997.*]

§ 947 (Verbindung beweglicher Sachen)

(I) Werden bewegliche Sachen [*verschiedener Eigentümer durch Verarbeitung iSd § 950 verbunden, dann erwirbt der Hersteller. Denn § 950 geht § 947 vor. Ist aber der Verarbeitungswert erheblich geringer als der Wert der verbundenen Sachen, und werden sie*] miteinander dergestalt verbunden, daß sie wesentliche Bestandteile [*§ 93*] einer einheitlichen Sache werden [*und ist keine der verbundenen Sachen »Hauptsache«; sonst: Abs. II*], so [*z. B., wenn Karosseriebleche miteinander verschweißt werden*] werden [*zwingend*] die bisherigen Eigentümer Miteigentümer [*§§ 741 ff, 1008 ff*] dieser Sache; die [*Miteigentums-*]Anteile bestimmen sich [*abweichend von § 742*] nach dem Verhältnisse des Wertes, den die Sachen zur Zeit der Verbindung haben. [*Rechte Dritter und Eigentumsvorbehalt setzen sich in den Miteigentumsanteil fort, § 949 S 2. Ein Ausgleich nach § 951 I 1 besteht nicht.*]

(II) Ist eine der Sachen [*nach der Verkehrsauffassung*] als die »Hauptsache« anzusehen, so erwirbt ihr Eigentümer [*zwingend*] das Alleineigentum [*auch an der verbundenen Nebensache. Das bisherige Eigentum, der einfache Eigentumsvorbehalt und Rechte Dritter erlöschen, § 949 S1. Ausgleich: § 951 I 1 und u. U. Wegnahmerecht, § 951 II 2*].

§ 948 (Eigentumserwerb durch Vermischung)

(I) Werden bewegliche Sachen [*auch Geld, häufig: Getreide, Tierherden*] miteinander untrennbar [*Abs. II*] vermischt oder vermengt, so finden die Vorschriften des § 947 [*Abs. I, nicht II: Wertübergewicht bedeutungslos, str.*] entsprechende Anwendung [*Miteigentum, §§ 741 ff, 1008 ff. Aufhebung: §§ 749, 752. Bei Geldvermengung kann der besitzende Miteigentümer eigenmächtig über »sein«, § 947 I 2. HS, Geld verfügen, § 419 I HGB entspr.*].

(II) Der Untrennbarkeit [*Abs. I*] steht es gleich, wenn die Trennung der vermischten oder vermengten Sachen mit unverhältnismäßigen Kosten verbunden sein würde.

§ 949 (Erlöschen dinglicher Rechte Dritter)

(1) Erlischt nach den §§ 946 bis 948 [*§§ 946, 947 II*] das Eigentum an einer Sache, so erlöschen [*§ 951 I 1*] auch die sonstigen »an der Sache« bestehenden Rechte [*Dritter, z. B. §§ 1030, 1204, oder Anwartschaftsrecht*]. (2) Erwirbt der Eigentümer der belasteten Sache Miteigentum [*§§ 947 I, 948*], so bestehen die Rechte [*S 1, auch Anwartschaftsrecht*] an dem [*Miteigentums-*]Anteile fort, der an die Stelle der Sache tritt [*s. §§ 1066, 1258*]. (3) Wird der Eigentümer der belasteten Sache Alleineigentümer [*§§ 946, 947 II*], so erstrecken sich die Rechte [*Dritter, S 1, an dem Grundstück oder an der Hauptsache*] auf die hinzutretende Sache.

§ 950 (Eigentumserwerb durch Verarbeitung)

(I1) Wer [*im Rahmen handwerklicher und industrieller Produktion aus mehreren Einzelteilen, Rohstoffen oder Halbfabrikaten*] durch [*u. U. Weiter-*]Verarbeitung [*a. S 2*] oder Umbildung eines oder mehrerer [*im fremden Eigentum stehender*] Stoffe eine [*nach der Verkehrsauffassung*] »neue« bewegliche Sache [*nicht bei Reparatur: §§ 947, 948 gelten*] herstellt [*Betriebsinhaber oder Rohstofflieferant, wenn aufgrund einer Verarbeitungsklausel für ihn hergestellt wird; hM*], erwirbt [*kraft Gesetzes*] das [*unbelastete, Abs. II, Allein-*]Eigentum an der neuen Sache [*Eigentumsvorbehalt u. Sicherungseigentum am Rohstoff erlöschen. Ausgleich: § 951 I 1*], sofern nicht der Wert der Verarbeitung oder der Umbildung [*Wert der neuen Sache minus Wert des Ausgangsstoffes*] erheblich [*!*] geringer [*Rohstoffeigentümer bleibt Eigentümer; bei verschiedenen Eigentümern: §§ 947, 948*] ist als der Wert des Stoffes. (2) Als Verarbeitung gilt [*z. B. bei Kunstwerken*] auch das Schreiben, Zeichnen, Malen, Drucken, Gravieren oder eine ähnliche Bearbeitung der Oberfläche.

(II) Mit dem Erwerbe des Eigentums an der neuen Sache [*Abs. I 1*] erlöschen die »an« dem Stoffe [*auch bei Verarbeitung eigener belasteter Stoffe, hM*] bestehenden Rechte [*Dritter, wie §§ 1032, 1204, oder Anwartschaftsrecht. Ausgleich: § 951 I 1*].

§ 951 (Wertersatz für verlorenes Recht)

(I1) Wer infolge der Vorschriften der §§ 946 bis 950 einen Rechtsverlust erleidet [*nicht bei Miteigentum nach §§ 947 I, 948, 949 S 2,3*], kann von demjenigen, zu dessen Gunsten die Rechtsänderung eintritt [*vom Eigentümer des Grundstücks, § 946, oder der Hauptsache, §§ 947 II, 948, vom Hersteller, § 950*], Vergütung in Geld [*§§ 818 II–IV; 819 I für den objektiven Wertzuwachs, str.*] nach den Vorschriften über die Herausgabe einer ungerechtfertigten Bereicherung fordern. [*Zitierweise: §§ 951 I 1, 812 I 1 2. Alt: gesetzlich geregelter Fall der Eingriffskondiktion, BGHZ 55, 177, der ausgeschlossen ist, wenn der Rechtsverlust aufgrund Vertrages erfolgte oder der gutgläubige Bereicherte die nicht abhanden gekommene Sache durch Leistung, auch durch Leistung eines Dritten, erhalten hat, sog. Vorrang der Leistungskondiktion.*] (2) Die Wiederherstellung des früheren Zustandes kann nicht [*aus § 818 I*] verlangt werden [*vgl. jedoch Abs. II 2: Wegnahmerecht*]. [*In den Fällen der aufgedrängten Bereicherung – der Eigentümer wollte die verbundene Sache nicht haben – ist nicht der objektive Wertzuwachs zu ersetzen, sondern der Wertzuwachs bestimmt sich nach den subjektiven Verhältnissen des Eigentümers, sog. »Subjektivierung des Wertbegriffes des*

§ 818 II«. Der Verlierer hat also erst dann einen Anspruch aus §§ 951 I 1, 812 I 1 2. Alt, 818 II, wenn der Eigentümer die neue Sache gewinnbringend verwertet, z. B. für einen höheren Preis verkauft. Konkurrenzen: Wenn der Rechtsverlust durch eine Verwendung iSd §§ 994 ff eingetreten ist, ist § 951 I 1 ausgeschlossen, BGHZ 55, 176. Dies gilt auch für sachverändernde Aufwendungen ohne Verwendungscharakter wie die Errichtung eines Gebäudes auf fremdem, bisher unbebautem Grund. Vertraglich geregelte Verwendungsersatzansprüche, z. B. § 547, schließen § 951 I ebenfalls aus, str.].

(II[1]) Die Vorschriften über die Verpflichtung [*des Verbindenden*] zum Schadensersatze wegen unerlaubter Handlungen [*§§ 823 ff, 249 S 1: Beseitigung; §§ 989–992, 249 S 1: Beseitigung; § 1004 S 1: Beseitigung*] sowie die Vorschriften über den Ersatz von Verwendungen [*z.B. §§ 547, 581 II, 601, 693; Konkurrenz, str., §§ 1049, 1216 S 1, 2125, 2022, 994 ff: schließen dennoch § 951 I 1 aus, BGHZ 41, 157*] und über das Recht zur Wegnahme einer Einrichtung [*vgl. §§ 547a, 601 II 2, 997, 1049 II, 1216 S 2, 2125 II*] bleiben [*neben Abs. I 1*] unberührt [*d.h. können nebeneinander gegeben sein*]. ([2]) In den Fällen der §§ 946 [*Verbindung mit Grundstück*], 947 [*Verbindung beweglicher Sachen*] ist die Wegnahme nach den für das Wegnahmerecht des Besitzers gegenüber dem Eigentümer geltenden Vorschriften [*§ 997*] auch dann zulässig, wenn die Verbindung nicht von [*!*] dem Besitzer der Hauptsache [*wie § 997 es tatbestandlich verlangt*] bewirkt worden ist [*sondern von einem Dritten. Ein Wegnahmerecht für jeden, der nach §§ 946 ff ein Recht verloren hat, wird dadurch nicht gewährt, vgl BGHZ 40, 272*].

§ 952 (Eigentum an Urkunden)

(I[1]) Das Eigentum an dem über eine Forderung ausgestellten Schuldscheine [*vgl. Abs. II*] steht [*ab Entstehung der Forderung*] dem [*jeweiligen*] Gläubiger zu. [*Die Urkunde ist sonderrechtsunfähig, daher nicht selbständig übertragbar und verpfändbar. Ein vertraglich vereinbartes Zurückbehaltungsrecht bleibt zulässig. Nach Erlöschen der Forderung fällt das Eigentum nicht automatisch an den Schuldner. Dieser hat nur den Herausgabeanspruch aus § 371, hM. Der § 952 ist dispositiv.*] ([2]) Das Recht eines Dritten [*ins. Pfandrecht und Nießbrauch*] an der Forderung erstreckt sich auf den Schuldschein.

(II) Das gleiche [*Abs. I*] gilt für Urkunden über andere Rechte, kraft deren eine Leistung gefordert werden kann [*Versicherungsscheine, Pfandscheine, Sparkassenbücher, § 808, und Kraftfahrzeugbriefe*], insbesondere für Hypotheken-, Grundschuld- und Rentenschuldbriefe. [*Nicht: Inhaberpapiere, §§ 793, 807, Wechsel, Schecks, Konossemente, Ladescheine etc.*]

IV. [Eigentums-]Erwerb von Erzeugnissen und sonstigen Bestandteilen einer Sache

[§§ 953–957]

[§§ 953 ff gelten auch für unwesentliche Bestandteile, sofern sie dem Eigentümer der Sache bereits vor der Trennung gehörten. Hypothek und Pfandrecht erstrecken sich auf die Erzeugnisse und Bestandteile, §§ 1120–1122, 1212. Die §§ 953–957 regeln nur die

Eigentumsverhältnisse; ob der Eigentümer sie auch behalten darf, ergibt sich aus Vertrag oder Gesetz, z. B. §§ 987 ff, vgl. § 955 m. Anm.]

§ 953 (Erwerb des Eigentümers)

Erzeugnisse [*§ 99 I; Beispiele: Früchte, Tierjunge, Wolle*] und sonstige [*wesentliche und unwesentliche*] Bestandteile [*§§ 93–95*] einer Sache gehören [*Eigentumserwerb*] auch nach [*und ab*] der Trennung [*gleichgültig, wer diese vorgenommen hat*] dem Eigentümer der Sache [*Ausnahme: § 911*], soweit sich nicht aus den [*vorgehenden*] §§ 954 bis 957 ein anderes [*Ausschluß*] ergibt.

§ 954 (Erwerb des dinglich Nutzungsberechtigten)

Wer vermöge eines [*dinglichen*] Rechtes »an« einer fremden Sache [*§§ 1030, 1213, 1018, 1090, § 1 II ErbbauVO*] befugt ist, sich Erzeugnisse oder sonstige Bestandteile der Sache anzueignen, erwirbt das Eigentum an ihnen, unbeschadet der [*vorgehenden*] Vorschriften der §§ 955 bis 957, mit der Trennung [*auch ohne Besitzergreifung*].

§ 955 (Erwerb des Eigen- und Nutzungsbesitzers)

(I[1]) Wer eine [*auch gestohlene, str.*] Sache im [*gutgläubigen, S 2*] Eigenbesitze [*§ 872, u. U. auch Eigentümer im Falle des § 954*] hat [*und Abs. II*], erwirbt das Eigentum an den Erzeugnissen [*§ 99*] und sonstigen zu den Früchten der Sache gehörenden Bestandteilen [*nicht: an Bestandteilen der Hauptsache, z. B. Balken eines Abbruchhauses*], unbeschadet der [*vorgehenden*] Vorschriften der §§ 956, 957, mit der Trennung [*gleichgültig, wer diese vorgenommen hat*]. ([2]) Der Erwerb ist ausgeschlossen, wenn der Eigenbesitzer nicht zum Eigenbesitz [*fehlgeschlagene Übereignung*] oder ein anderer vermöge eines Rechtes an der Sache [*nach § 954*] zum Fruchtbezuge berechtigt ist und [*!*] der Eigenbesitzer bei dem Erwerbe des Eigenbesitzes nicht in gutem Glauben [*weiß oder grob fahrlässig nicht weiß, daß er nicht zum Besitze oder zur Fruchtziehung berechtigt*] ist oder [*später*] vor der Trennung den Rechtsmangel [*positiv*] erfährt. [*Der gutgläubige unentgeltliche Eigenbesitzer erwirbt zwar nach § 955 Eigentum an den Früchten, muß sie aber nach §§ 988, 818 herausgeben.*]

(II) Dem Eigenbesitzer [*Abs. I*] steht derjenige gleich, welcher die Sache zum Zwecke der Ausübung eines [*in Wahrheit nicht bestehenden*] Nutzungsrechts »an« ihr besitzt [*z. B. §§ 1030, 1213*].

(III) Auf den Eigenbesitz und den ihm gleichgestellten Besitz findet die Vorschrift des § 940 Abs. 2 entsprechende Anwendung.

§ 956 (Eigentumserwerb aufgrund Erwerbsgestattung)

(I[1]) Gestattet [*Angebot iSv § 929 S 1, hM*] der Eigentümer [*Abs. II*] einem anderen [*z. B. Pächter*], sich Erzeugnisse [*§ 99 I*] oder sonstige Bestandteile [*§§ 93–95*] der Sache anzueignen, so erwirbt dieser das Eigentum an ihnen, [*1. Alt.*] wenn der Besitz [*§ 854, str.*] der Sache ihm überlassen ist [*und auch noch im Augenblick der Trennung besteht*], mit der Trennung [*gleichgültig, wer diese vornimmt*], [*2. Alt.*] anderenfalls [*erst*] mit der Besitzergreifung [*an den getrennten Früchten, sofern der Eigentümer z. Zt. der Trennung bzw. der Besitzergreifung noch verfügungsbefugt und zur Gestattung berechtigt, d. h. ins. noch Eigentümer ist*]. ([2]) Ist der Eigentümer [*Abs. II*] zu der Gestattung [*vertraglich*] verpflichtet [*bei Gefälligkeit frei widerruflich*], so kann er sie nicht widerrufen, solange sich der andere in dem ihm überlassenen Besitze der Sache befindet [*Anwartschaftsrecht des Begünstigten*].

(II) Das gleiche gilt [*Abs. I*], wenn die Gestattung nicht von dem Eigentümer, sondern von einem anderen ausgeht, dem Erzeugnisse oder sonstige Bestandteile einer Sache nach der Trennung gehören [*§§ 954–956*].

§ 957 (Gutgläubiger Erwerb bei Gestattung)

Die Vorschriften des § 956 [*Eigentumserwerb des Begünstigten*] finden auch dann Anwendung, wenn derjenige, welcher die Aneignung einem anderen gestattet, hierzu [*nach §§ 953–956*] nicht berechtigt ist [*und Besitz an der Muttersache z. Zt. der Überlassung bzw. der Besitzergreifung der getrennten Früchte hat; hM*], es sei denn, daß der andere, falls ihm der Besitz der Sache überlassen wird, bei der Überlassung, anderenfalls bei der Ergreifung des Besitzes der Erzeugnisse oder der sonstigen Bestandteile nicht in gutem Glauben [*an das Gestattungsrecht des Erklärenden*] ist [*subjektiver Maßstab: § 932 II*] oder [*im Fall der Besitzüberlassung*] vor der Trennung den Rechtsmangel [*positiv*] erfährt [*Ausgleich: § 816 I 1*].

V. Aneignung

[§§ 958 bis 964]

§ 958 (Aneignung herrenloser Sachen)

(I) Wer eine herrenlose [*d. h. in niemandes Eigentum stehende: vgl. §§ 959, 960, 961*] bewegliche Sache in Eigenbesitz [*vgl. § 872*] nimmt [*§§ 854, 855, 868; Realakt, daher Geschäftsfähigkeit unnötig*], erwirbt [*originär kraft Gesetzes*] das Eigentum an der Sache [*Ausnahme: Abs. II*].

(II) Das Eigentum wird nicht erworben, wenn die Aneignung gesetzlich verboten ist [*z. B. nach NatSchG*] oder wenn durch die Besitzergreifung das Aneignungsrecht eines anderen [*z. B. nach § 1 BJagdG, des Jagdberechtigten*] verletzt wird. [*Trotz Besitzergreifung bleibt die Sache dann herrenlos; str.; aA: Eigentumserwerb des Jagdberechtigten.*]

§ 959 (Eigentumsaufgabe)

Eine bewegliche Sache wird herrenlos [*Folge: § 958*], wenn der [*geschäftsfähige*] Eigentümer in der Absicht, auf das Eigentum zu verzichten [*Verzichtswille ist anfechtbar, §§ 119ff; Anfechtungsgegner: Aneignender, § 143 IV analog*], den Besitz der Sache aufgibt [*vgl. § 856*].

§ 960 (Herrenlose Tiere)

(I[1]) Wilde Tiere sind herrenlos, solange sie sich in der Freiheit befinden.

([2]) Wilde Tiere in Tiergärten und Fische in Teichen oder anderen geschlossenen Privatgewässern sind nicht herrenlos.

(II) Erlangt ein gefangenes wildes Tier die Freiheit wieder, so wird es herrenlos, wenn nicht der Eigentümer das Tier unverzüglich verfolgt oder wenn er die Verfolgung aufgibt.

(III) Ein gezähmtes Tier wird herrenlos, wenn es die Gewohnheit ablegt, an den ihm bestimmten Ort zurückzukehren.

§ 961 (Herrenloser Bienenschwarm)

Zieht ein Bienenschwarm aus, so wird er herrenlos, wenn nicht der Eigentümer ihn unverzüglich verfolgt oder wenn der Eigentümer die Verfolgung aufgibt.

§ 962 (Verfolgungsrecht des Eigentümers)

([1]) Der Eigentümer des Bienenschwarms darf bei der Verfolgung fremde Grundstücke betreten. ([2]) Ist der Schwarm in eine fremde nicht besetzte Bienenwohnung eingezogen, so darf der Eigentümer des Schwarmes zum Zwecke des Einfangens die Wohnung öffnen und die Waben herausnehmen oder herausbrechen. ([3]) Er hat den entstehenden Schaden zu ersetzen.

§ 963 (Vereinigung von Schwärmen)

Vereinigen sich ausgezogene Bienenschwärme mehrerer Eigentümer, so werden die Eigentümer, welche ihre Schwärme verfolgt haben, Miteigentümer des eingefangenen Gesamtschwarmes; die Anteile bestimmen sich nach der Zahl der verfolgten Schwärme.

§ 964 (Einzug in fremde Bienenwohnung)

([1]) Ist ein Bienenschwarm in eine fremde besetzte Bienenwohnung eingezogen, so erstrecken sich das Eigentum und die sonstigen Rechte an den Bienen, mit denen die Wohnung besetzt war, auf den eingezogenen Schwarm. ([2]) Das Eigentum und die sonstigen Rechte an dem eingezogenen Schwarme erlöschen.

VI. Fund

[§§ 965–984]

[§§ 965–967; 969–977 sind unanwendbar bei Fund in Geschäftsräumen und Beförderungsmitteln, vgl. § 978 I 2]

§ 965 (Anzeigepflicht des Finders)

(I) Wer eine verlorene [*d. h. besitzlose*] Sache findet und an sich nimmt, [*d. h. den unmittelbaren Besitz ergreift. Sehen ist noch nicht Finden*], hat dem Verlierer oder dem Eigentümer oder einem sonstigen Empfangsberechtigten unverzüglich Anzeige zu machen.

(II[1]) Kennt der Finder die Empfangsberechtigten nicht oder ist ihm ihr Aufenthalt unbekannt, so hat er den Fund und die Umstände, welche für die Ermittelung der Empfangsberechtigten erheblich sein können, unverzüglich der zuständigen Behörde anzuzeigen. ([2]) Ist die Sache nicht mehr als zehn Deutsche Mark wert, so bedarf es der Anzeige nicht. [*Mit der Besitzbegründung entsteht ein gesetzliches Schuldverhältnis zwischen dem Empfangsberechtigten, vgl. § 969, und dem Finder. Empfangsberechtigt ist, wer einen Herausgabeanspruch gegen den Finder hat, z. B. aus §§ 985, 1007 oder §§ 677, 681 S 2, 667. Der Finder ist zur Anzeige, § 965, und zur Verwahrung, § 966 I, verpflichtet. Trotz der Verwahrungspflicht begründet das gesetzliche Schuldverhältnis der §§ 965 ff keinen mittelbaren Besitz. Der Finder ist aber aus §§ 965 ff dem Eigentümer gegenüber zum Besitz berechtigt. Zum Eigentumserwerb des Finders vgl. §§ 973, 974.*]

§ 966 (Verwahrung)

(I) Der Finder ist zur Verwahrung der Sache verpflichtet.

(II[1]) Ist der Verderb der Sache zu besorgen oder ist die Aufbewahrung mit unverhältnismäßigen Kosten verbunden, so hat der Finder die Sache öffentlich versteigern zu lassen. ([2]) Vor der Versteigerung ist der zuständigen Behörde Anzeige zu machen. ([3]) Der Erlös tritt an die Stelle der Sache.

§ 967 (Ablieferung an die Polizei)

Der Finder ist berechtigt und auf Anordnung der zuständigen Behörde verpflichtet, die Sache oder den Versteigerungserlös an die zuständige Behörde abzuliefern.

§ 968 (Haftungsmaßstab)

Der Finder hat nur Vorsatz und grobe Fahrlässigkeit zu vertreten.

§ 969 (Empfangszuständigkeit des Verlierers)

Der Finder wird durch die Herausgabe der Sache an den Verlierer auch den sonstigen Empfangsberechtigten gegenüber befreit.

§ 970 (Aufwendungen des Finders)

Macht der Finder zum Zwecke der Verwahrung oder Erhaltung der Sache oder zum Zwecke der Ermittelung eines Empfangsberechtigten Aufwendungen, die er den Umständen nach für erforderlich halten darf, so kann er von dem Empfangsberechtigten Ersatz verlangen.

§ 971 (Finderlohn)

(I[1]) Der Finder kann von dem Empfangsberechtigten einen Finderlohn verlangen. ([2]) Der Finderlohn beträgt von dem Wert der Sache bis zu eintausend Deutsche Mark fünf vom Hundert, von dem Mehrwert drei vom Hundert, bei Tieren drei vom Hundert. ([3]) Hat die Sache nur für den Empfangsberechtigten einen Wert, so ist der Finderlohn nach billigem Ermessen zu bestimmen.

(II) Der Anspruch ist ausgeschlossen, wenn der Finder die Anzeigepflicht verletzt oder den Fund auf Nachfrage verheimlicht.

§ 972 (Zurückbehaltungsrecht des Finders)

Auf die in den §§ 970, 971 bestimmten Ansprüche finden die für die Ansprüche des Besitzers gegen den Eigentümer wegen Verwendungen geltenden Vorschriften der §§ 1000 bis 1002 entsprechende Anwendung.

§ 973 (Eigentumserwerb des Finders)

(I[1]) Mit dem Ablauf von sechs Monaten nach der Anzeige des Fundes bei der zuständigen Behörde erwirbt der Finder das Eigentum an der Sache, es sei denn, daß vorher ein Empfangsberechtigter dem Finder bekannt geworden ist oder sein Recht bei der zuständigen Behörde angemeldet hat. ([2]) Mit dem Erwerbe des Eigentums erlöschen die sonstigen Rechte an der Sache.

(II[1]) Ist die Sache nicht mehr als zehn Deutsche Mark wert, so beginnt die sechsmonatige Frist mit dem Fund. ([2]) Der Finder erwirbt das Eigentum nicht, wenn er den Fund auf Nachfrage verheimlicht. ([3]) Die Anmeldung eines Rechtes bei der zuständigen Behörde steht dem Erwerbe des Eigentums nicht entgegen.

§ 974 (Eigentumserwerb des Finders)

([1]) Sind vor dem Ablauf der sechsmonatigen Frist Empfangsberechtigte dem Finder bekannt geworden oder haben sie bei einer Sache, die mehr als zehn Deutsche Mark wert ist, ihre Rechte bei der zuständigen Behörde rechtzeitig angemeldet, so kann der Finder die Empfangsberechtigten nach den Vorschriften des § 1003 zur Erklärung über die ihm nach den §§ 970 bis 972 zustehenden Ansprüche auffordern. ([2]) Mit dem Ablaufe der für die Erklärung bestimmten Frist erwirbt der Finder das Eigentum und erlöschen die sonstigen Rechte an der Sache, wenn nicht die Empfangsberechtigten sich rechtzeitig zu der Befriedigung der Ansprüche bereit erklären.

§ 975 (Rechte des Finders bei Ablieferung)

([1]) Durch die Ablieferung der Sache oder des Versteigerungserlöses an die zuständige Behörde werden die Rechte des Finders nicht berührt. ([2]) Läßt die zuständige Behörde die Sache versteigern, so tritt der Erlös an die Stelle der Sache. ([3]) Die zuständige Behörde darf die Sache oder den Erlös nur mit Zustimmung des Finders einem Empfangsberechtigten herausgeben.

§ 976 (Eigentumserwerb der Gemeinde)

(I) Verzichtet der Finder der zuständigen Behörde gegenüber auf das Recht zum Erwerbe des Eigentums an der Sache, so geht sein Recht auf die Gemeinde des Fundorts über.

(II) Hat der Finder nach der Ablieferung der Sache oder des Versteigerungserlöses an die zuständige Behörde auf Grund der Vorschriften der §§ 973, 974 das Eigentum erworben, so geht es auf die Gemeinde des Fundorts über, wenn nicht der Finder vor dem Ablauf einer ihm von der zuständigen Behörde bestimmten Frist die Herausgabe verlangt.

§ 977 (Bereicherungsausgleich)

(1) Wer infolge der Vorschriften der §§ 973, 974, 976 einen Rechtsverlust erleidet, kann in den Fällen der §§ 973, 974 von dem Finder, in den Fällen des § 976 von der Gemeinde des Fundorts die Herausgabe des durch die Rechtsänderung Erlangten nach den Vorschriften über die Herausgabe einer ungerechtfertigten Bereicherung fordern. (2) Der Anspruch erlischt mit dem Ablaufe von drei Jahren nach dem Übergange des Eigentums auf den Finder oder die Gemeinde, wenn nicht die gerichtliche Geltendmachung vorher erfolgt.

§ 978 (Fund in Behörden und Verkehrsanstalt)

(I1) Wer eine Sache in den Geschäftsräumen oder den Beförderungsmitteln einer öffentlichen Behörde oder einer dem öffentlichen Verkehre dienenden Verkehrsanstalt findet und an sich nimmt, hat die Sache unverzüglich an die Behörde oder die Verkehrsanstalt oder an einen ihrer Angestellten abzuliefern. (2) Die Vorschriften der §§ 965 bis 967 und 969 bis 977 finden keine Anwendung.

(II1) Ist die Sache nicht weniger als einhundert Deutsche Mark wert, so kann der Finder von dem Empfangsberechtigten einen Finderlohn verlangen. (2) Der Finderlohn besteht in der Hälfte des Betrages, der sich bei Anwendung des § 971 Abs. 1 Satz 2, 3 ergeben würde. (3) Der Anspruch ist ausgeschlossen, wenn der Finder Bediensteter der Behörde oder der Verkehrsanstalt ist oder der Finder die Ablieferungspflicht verletzt. (4) Die für die Ansprüche des Besitzers gegen den Eigentümer wegen Verwendungen geltende Vorschrift des § 1001 findet auf den Finderlohnanspruch entsprechende Anwendung. (5) Besteht ein Anspruch auf Finderlohn, so hat die Behörde oder die Verkehrsanstalt dem Finder die Herausgabe der Sache an einen Empfangsberechtigten anzuzeigen.

(III1) Fällt der Versteigerungserlös oder gefundenes Geld an den nach § 981 Abs. 1 Berechtigten, so besteht ein Anspruch auf Finderlohn nach Absatz 2 Satz 1 bis 3 gegen diesen. (2) Der Anspruch erlischt mit dem Ablauf von drei Jahren nach seiner Entstehung gegen den in Satz 1 bezeichneten Berechtigten.

§ 979 (Behördliche Versteigerung)

(I1) Die Behörde oder die Verkehrsanstalt kann die an sie abgelieferte Sache öffentlich versteigern lassen. (2) Die öffentlichen Behörden und die Verkehrsanstalten des Reichs, der Bundesstaaten und der Gemeinden können die Versteigerung durch einen ihrer Beamten vornehmen lassen.

(II) Der Erlös tritt an die Stelle der Sache.

§ 980 (Voraussetzungen der behördlichen Versteigerung)

(I) Die Versteigerung ist erst zulässig, nachdem die Empfangsberechtigten in einer öffentlichen Bekanntmachung des Fundes zur Anmeldung ihrer Rechte unter Bestimmung einer Frist aufgefordert worden sind und die Frist verstrichen ist; sie ist unzulässig, wenn eine Anmeldung rechtzeitig erfolgt ist.

(II) Die Bekanntmachung ist nicht erforderlich, wenn der Verderb der Sache zu besorgen oder die Aufbewahrung mit unverhältnismäßigen Kosten verbunden ist.

§ 981 (Verfall des Versteigerungserlöses)

(I) Sind seit dem Ablaufe der in der öffentlichen Bekanntmachung bestimmten Frist drei Jahre verstrichen, so fällt der Versteigerungserlös, wenn nicht ein Empfangsberechtigter sein Recht angemeldet hat, bei Reichsbehörden und Reichsanstalten an den Reichsfiskus, bei Landesbehörden und Landesanstalten an den Fiskus des Bundesstaats, bei Gemeindebehörden und Gemeindeanstalten an die Gemeinde, bei Verkehrsanstalten, die von einer Privatperson betrieben werden, an diese.

(II[1]) Ist die Versteigerung ohne die öffentliche Bekanntmachung erfolgt, so beginnt die dreijährige Frist erst, nachdem die Empfangsberechtigten in einer öffentlichen Bekanntmachung des Fundes zur Anmeldung ihrer Rechte aufgefordert worden sind. ([2]) Das gleiche gilt, wenn gefundenes Geld abgeliefert worden ist.

(III) Die Kosten werden von dem herauszugebenden Betrag abgezogen.

§ 982 (Art und Weise der Bekanntmachung)

Die in den §§ 980, 981 vorgeschriebene Bekanntmachung erfolgt bei Reichsbehörden und Reichsanstalten nach den von dem Bundesrat [*Bundesinnenminister*], in den übrigen Fällen nach den von der Zentralbehörde des Bundesstaats erlassenen Vorschriften.

§ 983 (Versteigerung unanbringbarer Sachen)

Ist eine öffentliche Behörde im Besitz einer Sache, zu deren Herausgabe sie verpflichtet ist, ohne daß die Verpflichtung auf Vertrag beruht, so finden, wenn der Behörde der Empfangsberechtigte oder dessen Aufenthalt unbekannt ist, die Vorschriften der §§ 979 bis 982 entsprechende Anwendung.

§ 984 (Schatzfund)

Wird eine Sache, die so lange verborgen gelegen hat, daß der Eigentümer nicht mehr zu ermitteln ist (Schatz), entdeckt und infolge der Entdeckung in Besitz genommen, so wird das Eigentum zur Hälfte von dem Entdecker, zur Hälfte von dem Eigentümer der Sache erworben, in welcher der Schatz verborgen war.

Vierter Titel
Ansprüche aus dem Eigentume

[an beweglichen Sachen und Grundstücken: §§ 985–1007. Die §§ 987 ff gelten entsprechend bei § 894.]

§ 985 (Herausgabeanspruch)

Der [*nicht besitzende, Mit- oder Allein-*]Eigentümer kann von dem [*nicht besitzberechtigten, § 986, unmittelbaren, mittelbaren oder Mit-*]Besitzer [*nicht § 855*] die Herausgabe der Sache [*an sich; Ausnahmen: § 986 I 2 und §§ 1011, 432*] verlangen. [*Ist die Herausgabe unmöglich, so gelten nur die §§ 989, 990 ff, nicht §§ 275, 280, hM, §§ 281, 283, str. Bei Verzug: §§ 985, 284, 990 II. Neben § 985 kann sich der Eigentümer auf vertragliche, z. B. §§ 556, 604, 695, und gesetzliche Herausgabeansprüche, §§ 861, 1007, §§ 683 bzw. 687 II m. §§ 681 S 2, 667; 812, 823 ff, 249, stützen, hM. Gegenrechte des Besitzers: §§ 1000, 273. Verjährung: §§ 195, 198, 221. § 985 ist nicht ohne Eigentum, § 931, abtretbar, str. Zulässig: Einziehungsermächtigung, § 185.*]

§ 986 (Besitzrecht)

(I[1]) Der Besitzer kann die Herausgabe der Sache [*nach § 985*] verweigern [*Einwendung, nicht Einrede*], wenn [*1. Alt*] er [*auf Grund eigenen Besitzrechtes*] oder [*2. Alt*] der mittelbare Besitzer [*§ 868, z. B. der Vermieter – gilt entsprechend, wenn kein Besitzmittlungsverhältnis besteht, allg. M.*], von dem er sein Recht zum Besitz ableitet [*Ausnahme: S 2*], dem Eigentümer gegenüber zum Besitze berechtigt ist [*z. B. aus Vertrag, dinglichen Rechten, aus Anwartschaftsrecht, § 455, aus berechtigter G. o. A., § 683, aus § 965; §§ 1000, 273 – str., so BGHZ 64, 122 –, § 912, § 242 – Arglisteinrede – etc.*]. ([2]) Ist der mittelbare Besitzer [*S 1 2. Alt*] dem Eigentümer gegenüber zur Überlassung des Besitzes an den Besitzer nicht befugt [*z. B. unbefugte Untervermietung, § 549 I 1*], so kann der Eigentümer von dem Besitzer die Herausgabe der Sache an den mittelbaren Besitzer oder, wenn dieser den Besitz nicht wieder übernehmen kann oder will, an sich selbst verlangen.

(II) [*Nur*] Der Besitzer einer [*beweglichen*] Sache [*bei Grundstücken nur: §§ 571, 581*], die nach § 931 durch Abtretung des Anspruchs auf Herausgabe veräußert worden ist [*gilt entspr. bei § 930*], kann dem neuen Eigentümer die Einwendungen [*sein Besitzrecht und andere Einwendungen. §§ 404, 407 gelten entspr., str.*] entgegensetzen, welche ihm gegen den abgetretenen Anspruch zustehen. [*Dingliche Besitzrechte: § 936 III.*]

[Vorbemerkung zu den §§ 987 bis 993]

[Die Ansprüche aus § 985 und §§ 987–993 lassen sich wie folgt gliedern:

1. Der unverklagte, gutgläubige, entgeltliche und nicht deliktische Besitzer schuldet nur Herausgabe der Sache, § 985, und der Übermaßfrüchte, § 993 I 1. HS, keine Schadensersatzpflicht. Ausnahme: § 991 II. Bei Sachverbrauch und Veräußerung haftet er nach § 812 I 1 2. Alt bzw. § 816 I 1.

2. Der bösgläubige Besitzer schuldet
   a) § 985,
   b) Nutzungen: §§ 990 I, 987. Ausnahme: § 991 I,
   c) Schadensersatz: §§ 990 I, 989; 990 II, 985, 284, 286,
   d) Sachverbrauch und Veräußerung: § 812 I 1 2. Alt bzw. § 816 I 1.
3. Der deliktische Besitzer schuldet
   a) § 985,
   b) Nutzungen: §§ 992, 823 I, 249 bzw. 252 und, meist, §§ 990 I, 987,
   c) Schadensersatz: § 992 und, meist, §§ 990 I, 989,
   d) Sachverbrauch und Veräußerung: § 812 I 1 2. Alt bzw. § 816 I 1.
4. Der unentgeltliche, oder rechtsgrundlose, Besitzer schuldet
   a) § 985,
   b) Nutzungen: § 988,
   c) kein Schadensersatz,
   d) Sachverbrauch und Veräußerung: § 812 I 1 2. Alt bzw. § 816 I 1.
5. Der verklagte Besitzer
   a) § 985,
   b) Nutzungen: § 987,
   c) Schadensersatz: § 989,
   d) Sachverbrauch und Veräußerung: § 812 I 1 2. Alt bzw. § 816 I 1.]

§ 987 (Anspruch auf Herausgabe der Nutzungen nach Rechtshängigkeit)

(I) Der [*z. Zt. der Nutzziehung nicht besitzberechtigte, § 986*] Besitzer hat dem Eigentümer die Nutzungen [*soweit die Früchte, § 99, vorhanden sind*] herauszugeben [*iSv übereignen, sonst den Wert der Früchte, der Gebrauchsvorteile, § 100, und des Ertragswertes in Geld zu vergüten*], die er nach dem Eintritte [*§§ 253, 261 ZPO*] der Rechtshängigkeit [*der Klage aus §§ 985, 894*] zieht.

(II) Zieht der Besitzer [*Abs. I*] nach dem Eintritte der Rechtshängigkeit Nutzungen nicht, die er nach den Regeln einer ordnungsmäßigen Wirtschaft ziehen könnte, so ist er dem Eigentümer zum [*Schadens-*]Ersatze [*des Wertes*] verpflichtet, soweit ihm ein Verschulden [*§§ 276, 278; 287 S 2 m. §§ 990 II, 284 I 2*] zur Last fällt.

§ 988 (Anspruch auf Herausgabe der Nutzungen bei unentgeltlichem Erwerb)

Hat ein [*z. Zt. der Nutzung iSd § 986 unberechtigter*] Besitzer [*auch § 868; entspr. bei § 894*], der die Sache als ihm gehörig [*§§ 872, 955: Eigenbesitzer*] oder zum Zwecke der Ausübung eines ihm in Wirklichkeit nicht zustehenden Nutzungsrechts »an der Sache« [*nur dingliches Recht wie z. B. § 1030; entspr. für Miete, Pacht*] besitzt, den Besitz unentgeltlich [*z. B. §§ 516, 598 oder rechtsgrundlos, BGHZ 32, 94*] erlangt, so ist er dem Eigentümer gegenüber [*schuldrechtlich*] zur Herausgabe der Nutzungen [*§ 100*], die er vor [*danach: § 987*] dem Eintritte der Rechtshängigkeit [*der Klage aus § 985 bzw. § 894; vgl. §§ 253, 261 ZPO*] zieht, nach den Vorschriften über die Herausgabe einer ungerechtfertigten Bereicherung [*Rechtsfolgenverweis: § 818 I–IV*] verpflichtet. [*Hat der Besitzer die Sache rechtsgrundlos unmittelbar vom Eigentümer erworben, so wird Rechtsgrundlosigkeit mit Unentgeltlichkeit gleichgestellt, BGHZ 32, 94. Bei rechtsgrundlosem Dritterwerb ist diese Gleichstellung bedenklich.*]

§ 989 (Schadensersatz gegen Prozeßbesitzer)

Der [*z. Zt. des Schadenseintritts iSd § 986 unberechtigte*] Besitzer ist von dem Eintritte [*vgl. §§ 253, 261 ZPO*] der Rechtshängigkeit [*der Klage aus § 985 bzw. § 894*] an dem Eigentümer für den Schaden verantwortlich [*§§ 249–255*], der dadurch entsteht, daß infolge seines Verschuldens [*§§ 276, 278!*] die Sache [*gegenüber der Zeit vor der Rechtshängigkeit*] verschlechtert wird [*z. B. durch Abnutzung infolge normalen Gebrauchs, Unterlassen von Reparaturen oder Belastung mit Hypotheken etc., nach Rechtsabhängigkeit*], untergeht oder aus einem anderen Grunde von ihm nicht herausgegeben werden kann [*weil er z. B. Eigentum oder Besitz weiterübertragen hat. Der Vorenthaltungsschaden, vgl. §§ 990 II, 286 und 992, und der entgangene Gewinn, § 252, sind nicht zu ersetzen. § 254, ins. Abs. II 2, § 278 sind anwendbar. Gegenrecht des Besitzers u. U. aus § 255*].

§ 990 (Haftung des bösgläubigen Besitzers)

(I[1]) War der [*voll geschäftsfähige*] Besitzer [*oder sein Besitzdiener, § 166 I analog, str., oder der gesetzliche Vertreter, § 166 I analog, str., des beschränkt geschäftsfähigen, §§ 106, 114, oder geschäftsunfähigen Besitzers*] bei dem [*erstmaligen*] Erwerbe des Besitzes [*iSd § 854, nicht bei der Umwandlung von berechtigtem Fremd- in unberechtigten Eigenbesitz*] nicht in gutem Glauben [*da er das Fehlen des eigenen Besitzrechtes positiv kannte oder grob fahrlässig nicht kannte, § 932 II – Ausnahme: Abs. I 2 – und zugleich nicht n. § 986 zum Besitz berechtigt*], so haftet er dem Eigentümer von der Zeit des Erwerbes an nach den §§ 987 [*auf Nutzungen. Einschränkung in § 991 I*], 989 [*auf Schadensersatz wegen verschuldeter Verschlechterung oder Unmöglichkeit der Herausgabe nach Besitzerwerb oder späterem Kenntniserlangen, S 2*]. ([2]) Erfährt der Besitzer [*erst*] später, daß er zum Besitze nicht berechtigt ist, so haftet er in gleicher Weise [*§§ 987, 989*] von der Erlangung der [*positiven*] Kenntnis an. [*Der gutgläubige Besitzer haftet nur n. § 991 II auf Schadensersatz.*]

(II) Eine weitergehende Haftung [*nur*] des [*bösgläubigen*] Besitzers [*iSv Abs. I 1, 2*] wegen [*schuldhafter, § 285, Verzögerung der Herausgabe, § 985 bzw. § 894, nach Mahnung des Eigentümers bzw. Klageerhebung, § 284 I 2, also wegen*] Verzugs [*§§ 284 ff*] bleibt unberührt. [*Haftung für Zufall n. § 287 S 2, abw. von § 989 auch für Vorenthaltungsschaden n. §§ 985, 286, und in Erweiterung des § 987 II auf Erstattung aller Nutzungen, die nur der Eigentümer ziehen konnte.*]

§ 991 (Haftung des Besitzmittlers im dreigliedrigen Eigentümer-Besitzer-Verhältnis)

(I) [*Haftungsmilderung zugunsten des bösgläubigen Besitzmittlers*] Leitet der [*iSd § 990 I bösgläubige, unmittelbare Fremd-*]Besitzer [*z. B. Mieter*] das [*in Wahrheit nicht bestehende*] Recht zum Besitze von einem mittelbaren Besitzer [*§ 868, z. B. Vermieter einer dem Eigentümer gestohlenen Sache*] ab [*der seinerseits dem Eigentümer gegenüber nicht zum Besitz iSd § 986 berechtigt ist*], so finden die Vorschriften des § 990 [*I 1 m. § 987*] in Ansehung der »Nutzungen« [*aber: keine Haftungsmilderung bei Schadensersatz nach § 990 I 1 m. § 989; insoweit haftet auch der bösgläubige Besitzmittler*] nur [*dann*] Anwendung, wenn die Voraussetzungen des § 990 [*also Bösgläu-*

bigkeit] auch bei dem mittelbaren Besitzer [*im Beispiel: dem Vermieter; Folge: bei dessen Gutgläubigkeit keine Haftung*] vorliegen oder diesem gegenüber die Rechtshängigkeit [*der Klage aus § 985 bzw. § 894; ist er unverklagt: keine Haftung*] eingetreten ist [*und der unmittelbare Besitzer dem Oberbesitzer gegenüber Regreßansprüche erheben könnte, wenn er dem Eigentümer auf Nutzungsherausgabe haften würde. Grund: Abs. I will den Oberbesitzer vor Regreß schützen. Im regreßlosen Verhältnis gilt Abs. I daher nicht, str. Die Haftung auf Nutzungen des bösgläubigen Fremdbesitzers, nach § 987 o. § 988 o. § 993 I 1. HS, wird durch Abs. I nicht ausgeschlossen*].

(II) [*Haftungsverschärfung zu Lasten des gutgläubigen Besitzmittlers*] War der [*iSd § 986 unberechtigte Fremd-*]Besitzer [*z. B. der Verwahrer, der sein in Wahrheit nicht bestehendes Recht zum Besitz von einem mittelbaren Besitzer ableitet, der seinerseits dem Eigentümer gegenüber nicht zum Besitz berechtigt ist, z. B. vom Hinterleger einer dem Eigentümer gestohlenen Sache*] bei dem Erwerbe des Besitzes [*iSd § 990 I 1*] in gutem Glauben, so hat er gleichwohl [*Grund: er ist sich immerhin bewußt, daß ihm eine fremde Sache anvertraut ist, und muß daher bei Beschädigung mit einer Haftung gegenüber seinem Vertragspartner rechnen*] von dem Erwerb an den im § 989 bezeichneten Schaden[*sumfang*] dem Eigentümer gegenüber [*bei schuldhafter Eigentumsverletzung*] insoweit [*nach § 991 II und § 823 I !*] zu vertreten, als er dem mittelbaren Besitzer [*im Beispiel: dem Hinterleger, nach Vertragsrecht*] verantwortlich ist [*Folge: keine Haftung bei vertraglichem Haftungsausschluß. Haftungsmilderung, z. B. § 690, wirkt auch gegenüber Eigentümer. Keine Zufallshaftung nach § 287 S 2; str. Leistet er an den nicht ersatzberechtigten Oberbesitzer, so wird er n. § 851 gegenüber dem Eigentümer frei. § 991 II gilt nur im dreigliedrigen Eigentümer-Besitzer-Verhältnis. Leitet der gutgläubige Fremdbesitzer sein vermeintliches Besitzrecht von dem Eigentümer selbst ab, z. B. der Eigentümer vermietet die Sache, so steht diesem der Anspruch aus § 991 II nicht zu. Überschreitet der Besitzmittler schuldhaft den Rahmen seines Besitzrechtes, so haftet er dem Eigentümer aus § 823 I – trotz § 993 I aE – auf Schadensersatz. Lehre vom sog. Fremdbesitzerexzeß*].

§ 992 (Haftungsverschärfung gegenüber Deliktsbesitzer)

Hat sich der [*iSd § 986 unberechtigte*] Besitzer [*oder sein Besitzdiener; Zurechnungsnorm: § 831 I*] durch [*schuldhafte, hM*] verbotene Eigenmacht [*iSd § 858, d. h. durch Besitzentzug ohne Willen des Eigentümers oder seines Besitzmittlers, § 869, z. B. – nur – fahrlässige Verwechslung*] oder durch eine Straftat [*§§ 242, 249, 253 StGB; nicht aber § 246 StGB*] den Besitz verschafft, so haftet er dem Eigentümer [*wegen Eigentumsverletzung aus § 823 I, II*] nach den Vorschriften über den Schadensersatz wegen unerlaubter Handlungen [*auch für Zufall, § 848, sog. Kausalhaftung. Die Deliktshaftung hat teilweise strengere Rechtsfolgen als die Haftung aus §§ 987 ff: so § 840 I, Verzinsung nach § 849, im Gegensatz zu §§ 990 II, 290, oder das Aufrechnungsverbot aus § 393. Wegen der kurzen Verjährung vgl. § 852, sonst: § 195 für Ansprüche aus §§ 987 ff. Rechtsfolge: der Besitzer haftet nach §§ 823 ff, 249–255. Bei Zerstörung, Beschädigung n. § 249 bzw. § 251. Bei Nutzungsentgang, sog. Vorenthaltungsschaden, vgl. § 989, tatsächlich gezogene Nutzungen nach § 249 S1 bzw. § 251, schuldhaft nicht gezogene Nutzungen nach § 252, soweit der Eigentümer sie hätte ziehen können. Anspruchskonkurrenz: Aus § 992 wird durch argumentum e contrario geschlossen, daß*

»nur« der deliktische Besitzer nach §§ 823 ff haften soll. Der gutgläubige unverklagte Besitzer, § 993 I aE, haftet für Eigentumsverletzung nicht nach §§ 823 ff. Diese Privilegierung gilt auch für den bösgläubigen Besitzer: auch für ihn ist eine Deliktshaftung nur unter den speziellen Voraussetzungen des § 992 gegeben; hM, str. Unbestritten neben §§ 987 ff anwendbar ist Deliktsrecht im Falle des § 826 und des Fremdbesitzerexzeßes, vgl. § 991 m. Anm.].

§ 993 (Haftung des gutgläubigen Besitzers)

(I[1. HS]) Liegen die in den §§ 987 bis 992 bezeichneten Voraussetzungen nicht vor, so hat der [*unverklagte – Grund: § 987 –, gutgläubige – Grund: § 990 –, entgeltliche – Grund: § 988 –, nicht deliktische – Grund: § 992 –*] Besitzer die [*tatsächlich*] gezogenen Früchte [*§ 99, nicht Gebrauchsvorteile*], soweit sie nach den Regeln einer ordnungsmäßigen Wirtschaft nicht als Ertrag der Sache anzusehen sind [*»Übermaßfrüchte«*], nach den [*Rechtsfolgen der*] Vorschriften über die Herausgabe einer ungerechtfertigten Bereicherung [*n. §§ 818 I – IV, 819*] herauszugeben; ([2. HS]) im übrigen ist er [*neben der abschließenden Sonderregelung der §§ 987 ff*] weder zur Herausgabe von Nutzungen [*n. §§ 812 ff*] noch zum Schadensersatze [*n. §§ 823 ff*] verpflichtet. [*Ausnahmen: § 991 II, Fremdbesitzerexzeß, § 687 II und Bereicherungsausgleich bei Verbrauch, §§ 951 I 1, 812 I 1 1. Alt, oder Veräußerung, § 816 I. So die Auslegung des § 993 I aE durch die herrschende Ausschließlichkeitstheorie; st. Rspr., BGHZ 37, 365.*]

(II) Für die Zeit, für welche dem Besitzer [*vor Rechtshängigkeit, § 987, bzw. Kenntniserlangung, § 990 I 2*] die Nutzungen [*§ 100*] verbleiben, finden auf ihn die Vorschriften des § 101 Anwendung.

[Vorbemerkung zu den §§ 994 – 998]

[I. Die §§ 994 ff sind abschließende Sonderregeln, die Ansprüche aus §§ 812 ff bzw. § 951 I 1 sowie aus Geschäftsführung ohne Auftrag, §§ 677 ff, ausschließen – st. Rspr., BGHZ 41, 158. Auch für Aufwendungen ohne Verwendungscharakter, Umgestaltungsverwendungen, bestehen keine Ausgleichsansprüche nach §§ 812, 951. Hier bleibt nur ein Wegnahmerecht nach § 997.

II. Überblick über Verwendungsersatzansprüche
   1. des gutgläubigen Besitzers:
      a) notwendige, § 994 I,
      b) nützliche, § 996,
      c) keine Luxusverwendungen; hier nur § 997,
   2. des bösgläubigen Besitzers:
      a) notwendige, § 994 II, nach GoA-Grundsätzen,
      b) nützliche, kein Ersatz; hier nur § 997,
   3. des Prozeßbesitzers: wie 2., vgl. § 994 II,
   4. des Deliktsbesitzers: wie 2., vgl. §§ 992, 823, 850, 994 II.

III. Der unrechtmäßige Fremdbesitzer darf gemäß §§ 994, 996 nicht besser gestellt werden als der rechtmäßige Fremdbesitzer, sog. Gleichstellungsgrundsatz, vgl. BGHZ 34, 132. Er hat daher keine Ersatzansprüche gegen den Eigentümer, wenn er von seinem Vertragspartner in entsprechender Lage keinen Ersatz verlangen könnte, z. B.

wegen vertraglichen Ausschlusses oder wegen §§ 554 II, 1216; vgl. auch den Ausschluß des Zurückbehaltungsrechts nach §§ 556 II, 1000 S 2.
Ist der Vertrag zwischen Eigentümer und Oberbesitzer – Besteller – ex nunc abgelaufen, so hat auch der Fremdbesitzer – Unternehmer –, der Verwendungen in Erfüllung einer vertraglichen Verpflichtung gegenüber Dritten erbracht hat, die Ansprüche aus §§ 994 ff – BGHZ 34, 153 unter gleichzeitiger Ablehnung gutgläubigen Erwerbs eines gesetzlichen Unternehmerpfandrechts nach §§ 647, 1257, 1207 analog; sehr strittig –, obwohl im Zeitpunkt der Verwendungsvornahme keine Vindikationslage bestand. Nach der Gegenansicht ist der Besteller der Verwender iSd §§ 994 ff.]

§ 994 (Notwendige Verwendungen des gut- oder bösgläubigen oder verklagten Besitzers)

(I[1]) Der [*gutgläubige, unverklagte*] Besitzer kann für die [*während der Vindikationslage; str.*] auf die Sache gemachten [*zur Erhaltung*] notwendigen [*Kosten mit Ausnahme des Erwerbspreises und der Aufwendungen für das Errichten von Gebäuden auf bisher unbebauten Grundstücken, str.*] »Verwendungen« [*und § 995 S 1*] von dem [*jetzigen, § 999 II*] Eigentümer Ersatz [*auch dann*] verlangen [*wenn sie nutzlos waren*]. ([2]) Die gewöhnlichen Erhaltungskosten sind ihm [*dem gutgläubigen, unverklagten, entgeltlichen Besitzer*] jedoch für die Zeit, für welche ihm die Nutzungen verbleiben [*vgl. § 993 I aE*], nicht zu ersetzen [*denn sie gelten pauschal ohne Wertvergleich durch die Nutzungen als ausgeglichen. Ersatzberechtigt: § 988*].

(II) Macht der [*bösgläubige, verklagte*] Besitzer nach dem Eintritte [*§§ 253, 261 ZPO*] der Rechtshängigkeit [*§§ 985, 894*] oder nach dem Beginne [*der Bösgläubigkeit, d.h.*] der im § 990 bestimmten Haftung notwendige Verwendungen, so bestimmt sich die [*gewöhnliche Erhaltungskosten einschließende, Ausnahme: § 991 I*] Ersatzpflicht des Eigentümers [*unter Verzicht auf den Fremdgeschäftsführungswillen*] nach den [*Rechtsfolgen, str., der*] Vorschriften über die Geschäftsführung ohne Auftrag [*n. §§ 683, 670 bzw. §§ 687 II 2, 684 S 1, 812. War der Besitzer beim Besitzerwerb grob fahrlässig iSv § 990 I 1, so kann er die Kosten auch nutzloser Verwendungen als Aufwendungen n. §§ 683, 670 ersetzt verlangen. Bei positiver Kenntnis iSv § 990 I 2 ist der Anspruch auf objektive Sachwertsteigerung n. §§ 687 II 2, 684 S 1, 812 beschränkt. Der Besitzer trägt das Risiko nutzloser Verwendungen. Dies gilt sinngemäß auch für den deliktischen Besitzer n. §§ 992, 823, 850, 994 II. Bzgl. Durchsetzung: §§ 1001, 1000. Umfang: §§ 256, 257*].

§ 995 (Lasten)

([1]) Zu den notwendigen Verwendungen im Sinne des § 994 gehören auch die Aufwendungen, die der Besitzer zur Bestreitung von [*gewöhnlichen, vgl. S 2*] Lasten der Sache [*sowohl privatrechtlicher Art, z.B. Hypotheken-, Grundschuldzinsen, als auch öffentlich-rechtlicher Art, z.B. Steuern etc.*] macht. ([2]) Für die Zeit, für welche dem Besitzer die Nutzungen verbleiben [*vgl. § 994 I 2*], sind ihm nur die Aufwendungen für solche außerordentliche [*einmalige*] Lasten zu ersetzen, die auf den Stammwert der Sache gelegt anzusehen sind [*z.B. Anliegerbeiträge, Auszahlung von Hypothekenkapital, Ablösung von Reallasten. Gewöhnliche Lasten sind durch die Nutzungen ausgeglichen*].

§ 996 (Nützliche Verwendungen des gutgläubigen Besitzers)

Für andere als notwendige [*nützliche*] Verwendungen kann [*nur*] der [*gutgläubige, unverklagte*] Besitzer Ersatz nur insoweit verlangen [*§§ 1000, 1001*], als sie vor dem Eintritte der Rechtshängigkeit und [*vor Bösgläubigkeit, d. h.*] vor dem Beginne der im § 990 bestimmten Haftung gemacht werden [*sonst: § 997*] und der [*objektive, hM*] Wert der Sache durch sie noch zu der Zeit erhöht ist, zu welcher der Eigentümer die Sache wiedererlangt [*sonst nur: § 997*].

§ 997 (Wegnahmerecht des Besitzers)

(I[1]) Hat der [*z. Zt. der Verbindung, iSd § 986, unberechtigte*] Besitzer [*eines Grundstücks oder einer Hauptsache iSd § 947 II*] mit der Sache [*also dem Grundstück oder der Hauptsache*] eine andere Sache als wesentlichen Bestandteil [*§§ 93–95*] verbunden [*Folge: §§ 946, 947 II*], so kann er [*jeder Besitzer, auch der bösgläubige und verklagte, der die Verbindung selbst vorgenommen, Erweiterung in § 951 II 2, oder auf eigene Kosten veranlaßt hat und nicht Eigentümer der verbundenen Sache gewesen sein muß*] sie abtrennen und [*nach der Abtrennung*] sich [*nur der Besitzer*] aneignen [*oder alternativ Verwendungsersatz nach §§ 994 ff verlangen, da ein Bereicherungsausgleich nach § 951 I 1 durch §§ 994 ff ausgeschlossen ist*]. ([2]) Die Vorschriften des § 258 finden Anwendung.

(II) Das Recht zur Abtrennung ist ausgeschlossen, wenn [*1. Alt*] der Besitzer nach § 994 Abs. 1 Satz 2 für die Verwendung Ersatz nicht verlangen kann [*d. h. die Sachverbindung durch den gutgläubigen entgeltlichen Besitzer im Rahmen gewöhnlicher Erhaltungsmaßnahmen erfolgte*] oder [*2. Alt*] die Abtrennung für ihn keinen Nutzen hat [*z. B. weil der Wert der Instandsetzungskosten höher ist als der Wert der abgetrennten Sachteile*] oder [*3. Alt*] ihm [*von dem Eigentümer, vgl. § 999*] mindestens der Wert ersetzt wird, den der Bestandteil nach der Abtrennung für ihn haben würde [*sog. Ersetzungsbefugnis des Eigentümers zur Abwendung des Wegnahmerechts*].

§ 998 (Verwendungen auf ein landwirtschaftliches Grundstück)

Ist ein landwirtschaftliches Grundstück herauszugeben, so hat der Eigentümer die Kosten, die der Besitzer auf die noch nicht getrennten, jedoch nach den Regeln einer ordnungsmäßigen Wirtschaft vor dem Ende des Wirtschaftsjahrs zu trennenden Früchte verwendet hat, insoweit zu ersetzen, als sie einer ordnungsmäßigen Wirtschaft entsprechen und den Wert dieser Früchte nicht übersteigen.

§ 999 (Rechtsnachfolge)

(I) Der Besitzer kann für die Verwendungen [*§§ 994–996 und das Wegnahmerecht, § 997*] eines Vorbesitzers, dessen Rechtsnachfolger [*z. B. §§ 1922 bzw. 929 ff*] er geworden ist, in demselben Umfang Ersatz verlangen, in welchem ihn der Vorbesitzer fordern könnte, wenn er die Sache herauszugeben hätte.

(II) Die Verpflichtung des Eigentümers zum Ersatze von Verwendungen erstreckt sich auch auf die Verwendungen, die gemacht worden sind, bevor er das Eigentum erworben hat [*u. U. schuldrechtlicher Innenausgleich, z. B. nach §§ 434 ff*].

§ 1000 (Zurückbehaltungsrecht)

([1]) Der Besitzer kann die Herausgabe der Sache [*n. § 985 u. § 894*] verweigern [*S 2*], bis er wegen der ihm zu ersetzenden [*nicht fälligen, § 1001*] Verwendungen [*§§ 994–998*] befriedigt wird. [*Einrede, die Verzug n. §§ 985, 990 II, 284 hindert, wenn der Besitzer sie geltend macht.*] ([2]) Das Zurückbehaltungsrecht [*S 1: §§ 273 III, 274 gelten entspr.*] steht ihm nicht zu, wenn er die Sache durch eine vorsätzlich [*!*] begangene unerlaubte Handlung erlangt hat [*die Verwendungen geringfügig sind, § 242, die Sache zurückgegeben oder ein Zurückbehaltungsrecht gesetzlich ausgeschlossen ist, z. B. n. § 556 II. Ein Zurückbehaltungsrecht n. § 273 II besteht nicht, da der Gegenanspruch auf Verwendungsersatz vor Rückgabe oder Genehmigung, § 1001, nicht fällig ist*].

§ 1001 (Fälligkeit der Verwendungsansprüche)

([1]) Der Besitzer kann den Anspruch auf den Ersatz der Verwendungen nur geltend machen [*wird fällig, hM, str.*], wenn der [*wirkliche*] Eigentümer [*oder sein Besitzmittler*] die Sache [*§ 854*] wiedererlangt [*n. § 985 oder anders. Ausschlußfrist: § 1002*] oder die Verwendungen [*als solche*] genehmigt [*S 3. Ausschlußfrist, § 1002, kann nicht entstehen*]. ([2]) [*Nur*] Bis zur Genehmigung [*S 1, 3*] der Verwendungen kann sich der [*wieder besitzende*] Eigentümer von dem Anspruche dadurch befreien [*erlischt*], daß er die wiedererlangte Sache [*an den Besitzer*] zurückgibt [*der dann n. § 1003 vorgehen kann*]. ([3]) Die Genehmigung [*S 1, 2*] gilt als erteilt, wenn der Eigentümer die ihm von dem Besitzer unter Vorbehalt [*nicht § 1002*] des Anspruchs angebotene Sache annimmt [*S 1*].

§ 1002 (Erlöschen des Anspruchs)

(I) Gibt der Besitzer die Sache dem Eigentümer [*oder dessen Besitzmittler, vorbehaltlos, vgl. § 1001 S 3, und freiwillig*] heraus, so erlischt der Anspruch auf den Ersatz der Verwendungen [*bei beweglichen Sachen*] mit dem Ablauf eines Monats, bei einem Grundstücke mit dem Ablaufe von sechs Monaten nach der Herausgabe, wenn nicht vorher die gerichtliche Geltendmachung erfolgt [*vgl. § 209*] oder der Eigentümer die Verwendungen genehmigt. [*Vgl. § 1001. Bei rechtzeitiger Klageerhebung oder Genehmigung erlischt der Anspruch nicht, sondern verjährt gewöhnlich nach § 195.*]

(II) Auf diese Fristen finden die für die Verjährung geltenden Vorschriften der §§ 203, 206, 207 entsprechende Anwendung.

§ 1003 (Pfandrechtsähnliches Befriedigungsrecht des Besitzers)

(I[1]) Der Besitzer kann den Eigentümer [*der nicht genehmigt oder die Sache zurückgibt, § 1001 S 1, 2*] unter Angabe des als Ersatz verlangten Betrags auffordern, sich innerhalb einer von ihm bestimmten angemessenen Frist darüber zu erklären, ob er die Verwendungen genehmige. ([2]) Nach dem Ablaufe der Frist [*ohne Genehmigung und Bestreiten des Anspruchs, Abs. II*] ist der Besitzer berechtigt, Befriedigung aus der Sache nach den Vorschriften über den Pfandverkauf [*§§ 1233 ff*], bei einem Grundstücke nach den Vorschriften über die Zwangsvollstreckung in das unbewegliche Vermögen [*§§ 15 ff, 146 ff ZVG*] zu suchen, wenn nicht die Genehmigung rechtzeitig erfolgt [*§ 1001 S 1*].

(II) Bestreitet der Eigentümer den Anspruch vor dem Ablaufe der Frist [*Abs. I 1*], so kann sich der Besitzer aus der Sache [*Abs. I 2*] erst dann befriedigen, wenn er nach rechtskräftiger Feststellung des Betrags der Verwendungen [*durch Urteil, § 256 ZPO*] den Eigentümer [*erneut*] unter Bestimmung einer angemessenen Frist zur Erklärung [*Abs. I 1*] aufgefordert hat und die Frist [*ergebnislos*] verstrichen ist; das Recht auf Befriedigung aus der Sache ist ausgeschlossen, wenn die Genehmigung [*iSv § 1001 S1*] rechtzeitig erfolgt.

§ 1004 (Anspruch auf Beseitigung und Unterlassung)

(I[1]) Wird das Eigentum [*in der nach § 903 zustehenden Nutzungs- und Verwendungsmöglichkeit*] in anderer Weise als durch Entziehung oder Vorenthaltung des Besitzes [*dann § 985 – nur – objektiv widerrechtlich, auch schuldlos*] beeinträchtigt, so kann der Eigentümer [*auch Miteigentümer, § 1011*] von dem Störer [*Verursacher*] die Beseitigung der [*bereits eingetretenen und als Störquelle noch fortwirkenden, widerrechtlichen*] Beeinträchtigung [*für die Zukunft auf Kosten des Störers*] verlangen. [*Schadensersatz, §§ 249 ff, kann nur nach §§ 823 ff verlangt werden, wobei es auf ein Verschulden des Störers ankommt.*] ([2]) [*Bei drohender erster Beeinträchtigung hat der Eigentümer einen – vorbeugenden – Unterlassungsanspruch. Ist die Beeinträchtigung bereits geschehen und*] Sind weitere Beeinträchtigungen zu besorgen, so kann der Eigentümer auf Unterlassung klagen [*wenn eine ernstliche Wiederholungsgefahr besteht*].

(II) Der [*Beseitigungs-, Unterlassungs- und Schadensersatz-, § 823 ff*]Anspruch ist ausgeschlossen, wenn der Eigentümer »zur Duldung« [*der Beeinträchtigung*] verpflichtet ist [*z. B. aus Verträgen oder dinglichen Rechten an der Sache. Aus §§ 228, 904 S 1, 229, 859; 906! 912–918. Der Anspruch ist nicht selbständig abtretbar, aber eine Ermächtigung Dritter zur Geltendmachung im eigenen Namen ist möglich. Die Regeln über Unmöglichkeit, §§ 275 ff, sind auf den Beseitigungsanspruch anzuwenden. Beseitigung kann also nur verlangt werden, soweit der Störer dazu imstande ist*].

§ 1005 (Wegschaffungsanspruch)

Befindet sich eine Sache auf einem Grundstücke, das ein anderer als der Eigentümer der Sache besitzt, so steht diesem gegen den Besitzer des Grundstücks der im § 867 bestimmte Anspruch zu.

§ 1006 (Eigentumsvermutung)

(I[1]) Zugunsten [*!*] des [*gegenwärtigen, mittelbaren, Abs. III, und unmittelbaren Eigen-*]Besitzers einer beweglichen Sache [*nicht: Papiere des § 952*] wird [*im Prozeß*] vermutet [*vgl. § 291 ZPO*], daß er [*mit der Erlangung des Eigenbesitzes*] Eigentümer der Sache [*geworden*] sei [*also keine Vermutung für gegenwärtiges Eigentum, str.*]. ([2]) Dies[*e Vermutung*] gilt jedoch nicht einem früheren Besitzer [*vgl. Abs. II*] gegenüber, dem die Sache gestohlen worden, verloren gegangen oder sonst abhanden gekommen ist [*iSd § 935 I*], es sei denn, daß es sich um Geld oder Inhaberpapiere [*vgl. § 935 II*] handelt [*d. h., hier gilt der gegenwärtige Besitzer als Eigentümer*].

(II) Zugunsten eines früheren [*mittelbaren und unmittelbaren Eigen-*]Besitzers wird vermutet, daß er während der Dauer seines Besitzes Eigentümer der Sache gewesen sei.

(III) Im Falle eines mittelbaren Besitzes [*§§ 868, 871*] gilt die Vermutung [*des Eigentums für die Dauer seiner Besitzzeit*] für den mittelbaren [*Eigen-*]Besitzer. [*Nach §§ 1065, 1227 gilt die Vermutung zugunsten von Fremdbesitzern.*]

§ 1007 (Herausgabeanspruch des früheren Besitzers)

(I) Wer [*Kläger*] eine bewegliche [*keine Analogie für Grundstücksbesitz*] Sache [*früher*] im Besitze gehabt hat [*gleichgültig, ob als Eigentümer, unmittelbarer, mittelbarer oder Mitbesitzer. Für den Mitbesitzer gelten §§ 1011, 432 I 2 entspr., für den mittelbaren Besitzer § 869 S 2 2. HS entspr.*], kann von dem [*jetzigen*] Besitzer die Herausgabe der Sache [*und Nutzungen sowie Schadensersatz gem. Abs. III 2*] verlangen, wenn dieser [*dem Kläger gegenüber nicht zum Besitz berechtigt ist, Abs. III 2 iVm § 986, und*] bei dem Erwerbe des Besitzes [*bzgl. seines Besitzrechtes*] nicht in gutem Glauben [*subjektiver Maßstab: § 932 II*] war [*Ausschluß: ins. Abs. III 1 2. Alt*].

(II[1]) Ist die [*bewegliche*] Sache dem früheren Besitzer gestohlen worden, verloren gegangen oder sonst abhanden gekommen [*iSd § 935*], so kann er die Herausgabe [*und Nutzungen sowie Schadensersatz, Abs. III 2*] auch von einem gutgläubigen [*jetzigen*] Besitzer verlangen, es sei denn [*Folge: kein Anspruch*], daß dieser Eigentümer der Sache ist oder die Sache ihm vor der Besitzzeit des früheren Besitzers [*des Klägers*] abhanden gekommen [*iSd § 935*] war. ([2]) Auf Geld und Inhaberpapiere [*vgl. § 935 II*] findet diese Vorschrift [*des Herausgabeanspruchs wegen Abhandenkommens beim Kläger*] keine Anwendung.

(III[1]) Der Anspruch [*auf Herausgabe, Abs. I, II, und Nutzungen bzw. Schadensersatz, S 2*] ist ausgeschlossen, wenn [*1. Alt*] der frühere Besitzer [*Kläger*] bei dem Erwerbe des [*früheren eigenen*] Besitzes [*seinerseits kein Recht zum Besitz hatte und überdies*] nicht in gutem Glauben [*nach dem subjektiven Maßstab des § 932 II bzgl. seines vermeintlichen Besitzrechtes*] war oder [*2. Alt*] wenn er [*im Falle des Abs. I*] den [*genauer: jeden*] Besitz [*freiwillig*] aufgegeben hat [*also nicht, wenn er mittelbaren Besitz behält*]. ([2]) Im übrigen finden die Vorschriften der §§ 986 bis 1003 entsprechende Anwendung [*d. h. der jetzige Besitzer ist zum Schadensersatz des Besitzinteresses, §§ 989 ff, und zur Herausgabe von Nutzungen, §§ 987 ff, verpflichtet. Er hat Gegenansprüche wegen Verwendungen, §§ 994–1003. Neben § 1007 können Herausgabeansprüche aus §§ 861, 985, 812, 823 ff konkurrieren*].

Fünfter Titel
Miteigentum

[*§§ 1008–1011; §§ 741 ff. Die §§ 1008 ff gelten nicht für Gesamthandseigentum – §§ 718, 1416, 2032*]

§ 1008 (Begriff des Miteigentums)

Steht das Eigentum an einer [*beweglichen oder unbeweglichen*] Sache [*durch Gesetz, z. B. §§ 947, 948, 984, oder durch Rechtsgeschäft, z. B. gemeinschaftlicher Erwerb einer Sache, wozu bei beweglichen Sachen, gemäß §§ 929 ff, Einigung und Einräumung des Mitbesitzes, bei Grundstücken, gemäß §§ 925, 873 iVm § 47 GBO, Auflassung und Eintragung erforderlich ist*] mehreren nach Bruchteilen zu [*Miteigentum nach Bruchteilen*], so gelten [*die §§ 741 ff ergänzt durch*] die Vorschriften der §§ 1009 bis 1011. [*Über seinen Anteil kann jeder Miteigentümer frei verfügen, § 747 S 1. Die Übertragung und Belastung vollzieht sich nach den Vorschriften über Alleineigentum, §§ 929 ff bzw. §§ 873, 925. Zum Besitzschutz: vgl. § 866. Zum Eigentumsschutz: §§ 985 ff, 1004, 1011. ZwV bei Miteigentum an beweglichen Sachen, § 857 ZPO; bei Grundstücken, §§ 864 II, 866 ZPO. Begründung von Wohnungseigentum: §§ 3–7 WEG.*]

§ 1009 (Belastung für einen Miteigentümer)

(I) [*Der Anteil kann zugunsten eines Miteigentümers oder eines Dritten nach den für die Belastung des Alleineigentums geltenden Regeln belastet werden, vgl. §§ 1066, 1095, 1114, 1192 I, 1199, 1258, daneben aber auch das gemeinschaftliche Eigentum insgesamt, § 747 S 2.*] Die gemeinschaftliche Sache [*d. h. das gemeinschaftliche Eigentum*] kann [*insgesamt nach § 747 S 2*] auch zugunsten eines Miteigentümers [*z. B. mit einer Grundschuld*] belastet werden [*der damit ein dingliches Recht am eigenen Eigentumsanteil erwirbt*].

(II) Die Belastung eines gemeinschaftlichen Grundstücks [*d. h. des gemeinschaftlichen Eigentums*] zugunsten des jeweiligen Eigentümers eines anderen [*herrschenden*] Grundstücks [*sog. subjektiv dingliche Rechte: Grunddienstbarkeit, § 1018; Vorkaufsrecht, § 1094 II; Reallast, § 1105 II*] sowie die Belastung eines anderen [*dienenden*] Grundstücks zugunsten der jeweiligen [*Mit-*]Eigentümer des gemeinschaftlichen Grundstücks [*§§ 1018, 1094 II, 1105 II*] wird nicht dadurch ausgeschlossen, daß das andere Grundstück einem Miteigentümer des gemeinschaftlichen Grundstücks gehört.

§ 1010 (Eintragungsbedürftige Vereinbarungen)

(I) Haben die Miteigentümer eines Grundstücks [*bei beweglichen Sachen gelten §§ 746, 751, 755 II, 756 S 2*] die Verwaltung und Benutzung geregelt [*§§ 744 ff*] oder das Recht, die Aufhebung der Gemeinschaft zu verlangen, für immer oder auf Zeit ausgeschlossen oder eine Kündigungsfrist bestimmt [*vgl. §§ 749 ff*], so wirkt [*abweichend von §§ 746, 751 S 1*] die getroffene Bestimmung [*zugunsten auch ohne Eintragung*] gegen [*!*] den Sondernachfolger eines Miteigentümers [*auch wenn er die Regelung kennt*] nur, wenn sie als Belastung des Anteils im Grundbuch eingetragen ist [*§§ 873 ff; § 19 GBO*].

(II) Die in den §§ 755, 756 bestimmten Ansprüche können gegen den Sondernachfolger eines Miteigentümers nur geltend gemacht werden, wenn sie im Grundbuch eingetragen sind.

§ 1011 (Ansprüche aus Miteigentum)

Jeder Miteigentümer kann [*bezüglich seines Anteils den Besitzschutzanspruch, § 866, und die aus seinem Eigentum fließenden Ansprüche, z. B. §§ 985 ff, 823, 1004, 816, 951, gegen die anderen Miteigentümer und Dritte geltend machen und, obgleich ihm das Recht nicht allein zusteht*] die Ansprüche aus dem [*gemeinschaftlichen*] Eigentume [*z. B. auf Unterlassung einer Störung aus § 1004, ferner §§ 906 ff*] Dritten gegenüber [*im eigenen Namen für sich allein, gesetzliche Prozeßstandschaft*] in Ansehung der ganzen Sache geltend machen [*und Leistung an sich verlangen*], den Anspruch auf Herausgabe [*§§ 861, 1007, 985 – gilt auch für Ansprüche aus §§ 987-990 und § 816 I –, kann er zwar auch allein geltend machen, aber Leistung*] jedoch nur in Gemäßheit des § 432 [*fordern, d. h. nur an alle Miteigentümer. Ausnahmsweise kann er Herausgabe an sich allein verlangen, wenn die anderen zustimmen oder analog § 986 I 2 den Besitz nicht übernehmen wollen oder können*].

Vierter Abschnitt
Erbbaurecht

[§§ 1012–1017 gelten nur noch für die vor dem 22.1.1919 begründeten Erbbaurechte. Die Vorschriften wurden aufgehoben durch die Verordnung über das Erbbaurecht vom 15.1.1919, die für alle seit dem 22.1.1919 bestellten Rechte gilt.]

§ 1012

Ein Grundstück kann in der Weise belastet werden, daß demjenigen, zu dessen Gunsten die Belastung erfolgt, das veräußerliche und vererbliche Recht zusteht, auf oder unter der Oberfläche des Grundstücks ein Bauwerk zu haben (Erbbaurecht).

§ 1013

Das Erbbaurecht kann auf die Benutzung eines für das Bauwerk nicht erforderlichen Teiles des Grundstücks erstreckt werden, wenn sie für die Benutzung des Bauwerkes Vorteil bietet.

§ 1014

Die Beschränkung des Erbbaurechts auf einen Teil eines Gebäudes, insbesondere ein Stockwerk, ist unzulässig.

§ 1015

Die zur Bestellung des Erbbaurechts nach § 873 erforderliche Einigung des Eigentümers und des Erwerbers muß bei gleichzeitiger Anwesenheit beider Teile vor dem Grundbuchamt erklärt werden.

§ 1016

Das Erbbaurecht erlischt nicht dadurch, daß das Bauwerk untergeht.

§ 1017

(I) Für das Erbbaurecht gelten die sich auf Grundstücke beziehenden Vorschriften.

(II) Die für den Erwerb des Eigentums und die Ansprüche aus dem Eigentume geltenden Vorschriften finden auf das Erbbaurecht entsprechende Anwendung.

Fünfter Abschnitt
Dienstbarkeiten

[d. h. dingliche Nutzungsrechte: Grunddienstbarkeit, §§ 1018 ff, beschränkte persönliche Dienstbarkeit, §§ 1090 ff, und Nießbrauch, §§ 1030 ff]

Erster Titel
Grunddienstbarkeiten

[§§ 1018 bis 1029]

§ 1018 (Begriff der Grunddienstbarkeit, Inhaltsfixierung)

Ein Grundstück [*Erbbaurecht; nicht: Miteigentumsanteil, vgl. § 7 II GBO*] kann zugunsten des jeweiligen Eigentümers eines anderen [*herrschenden*] Grundstücks [*auch als Eigentümergrunddienstbarkeit, analog § 1196 II*] in der Weise belastet [*§ 873*] werden [*Folge: § 96*], daß dieser das Grundstück in einzelnen Beziehungen [*nicht in allen*] benutzen darf [*vgl. § 1019, z. B. Wegerecht*] oder daß auf dem Grundstücke gewisse Handlungen nicht vorgenommen werden dürfen [*vgl. § 1019, z. B. Baubeschränkungen*] oder daß die Ausübung eines [*Eigentums-*]Rechtes [*z. B. § 906*] ausgeschlossen ist, das sich aus dem Eigentum [*§§ 903 ff*] an dem belasteten [*dienenden*] Grundstücke dem anderen [*herrschenden*] Grundstücke gegenüber ergibt (Grunddienstbarkeit). [*Wettbewerbsverbote können in der Regel nicht Inhalt einer Dienstbarkeit sein, vgl. §§ 1090, 1091.*]

[*Eine Grunddienstbarkeit kann niemals die Verpflichtung zu einem »Tun« für das herrschende Grundstück, z. B. Geldzahlung, beinhalten. Ausnahmen: §§ 1021 ff. Andere Entstehungsgründe: § 900 II 1 mit § 1029. Erlöschen: §§ 875, 876, 158 II; §§ 1025 S 2, 1026, Grundstücksteilung; Wegfall des Vorteils, § 1019; § 1028, und Enteignung, z. B. § 86 I Nr. 2 JBauG. Übertragung: § 96. Verpfändung: §§ 1069 II, 1274 I. Pfändung: § 857 III ZPO.*]

§ 1019 (Inhaltsbeschränkung, grundstücksbezogener Vorteil)

(1) Eine Grunddienstbarkeit [*§ 1018*] kann nur [*zwingend!*] in einer Belastung bestehen, die für die Benutzung des [*herrschenden*] Grundstücks des Berechtigten Vorteil bietet. [*Anderenfalls ist Bestellung nichtig.*] (2) Über das sich hieraus ergebende Maß hinaus kann der Inhalt der Dienstbarkeit nicht erstreckt werden [*anders: § 1090*].

§ 1020 (Pflicht zur schonenden Ausübung; gesetzliche Unterhaltungspflicht)

(1) Bei der Ausübung einer Grunddienstbarkeit [*§ 1018*] hat der Berechtigte das Interesse des Eigentümers des belasteten Grundstücks tunlichst zu schonen [*Rechte des Eigentümers bei Verstoß: pVV des ges. Schuldverhältnisses, §§ 823, 1004*]. (2) Hält er zur Ausübung der Dienstbarkeit auf dem belasteten Grundstück eine Anlage [*z.B. Gas- oder Wasserleitung*], so hat [*kraft Gesetzes*] er [*der Berechtigte; vertragliche Unterhaltungspflicht des Eigentümers, § 1021 I 1*] sie in ordnungsmäßigem Zustande zu erhalten, soweit das Interesse des Eigentümers [*des dienenden Grundstücks*] es erfordert [*Ergänzung in § 1022*].

§ 1021 (Vereinbarte Unterhaltung von Anlagen)

(I1) Gehört zur Ausübung einer Grunddienstbarkeit eine Anlage [*z. B. Gas- oder Wasserleitung*] auf dem belasteten Grundstücke, so kann [*vertraglich durch Einigung und Eintragung, §§ 877, 873*] bestimmt werden, daß [*anders als in § 1020 S 2*] der Eigentümer dieses Grundstücks die Anlage zu unterhalten hat [*ausnahmsweise Verpflichtung zu einem Tun als Nebenpflicht*], soweit das Interesse des Berechtigten es erfordert. (2) Steht dem Eigentümer das Recht zur Mitbenutzung der Anlage zu, so kann [*vertraglich*] bestimmt werden [*§§ 873, 877*], daß der Berechtigte die Anlage zu unterhalten hat, soweit es für das Benutzungsrecht des Eigentümers erforderlich ist [*vgl. ferner § 1022*].

(II) Auf eine solche Unterhaltungspflicht finden die Vorschriften über die Reallasten [*§§ 1105ff, ins. § 1108*] entsprechende Anwendung [*vgl. auch § 1022 S 2*].

§ 1022 (Anlage auf einem Bauwerk; Unterhaltungspflicht)

(1) Besteht die Grunddienstbarkeit in dem Rechte, auf einer baulichen Anlage des belasteten Grundstücks eine bauliche Anlage zu halten [*z. B. einen Tragbalken auf einer Mauer*], so hat, wenn nicht ein anderes bestimmt ist, der Eigentümer des belasteten Grundstücks seine Anlage zu unterhalten [*im Beispiel: die Mauer*], soweit das Interesse des Berechtigten es erfordert. (2) Die Vorschrift des § 1021 Abs. 2 [*Verweis auf §§ 1105ff*] gilt auch für diese Unterhaltungspflicht.

§ 1023 (Verlegung der Ausübung auf andere Stelle)

(I1) Beschränkt sich die jeweilige Ausübung einer Grunddienstbarkeit [*§ 1018, die das ganze Grundstück ergreift naturgemäß, z. B. Fahrtrecht, oder rechtsgeschäftlich, Abs. I S 2*] auf einen Teil des belasteten Grundstücks, so kann der Eigentümer die Verlegung der Ausübung auf eine andere, für den Berechtigten ebenso geeignete Stelle verlangen [*in der Regel keine Inhaltsänderung nach § 877!*], wenn die Ausübung an der bisherigen Stelle für ihn besonders beschwerlich ist; die Kosten der Verlegung hat er zu tragen und vorzuschießen. (2) Dies gilt auch dann, wenn der Teil des Grundstücks, auf den sich die Ausübung beschränkt, durch Rechtsgeschäft bestimmt ist.

(II) Das Recht auf die Verlegung kann nicht durch Rechtsgeschäft ausgeschlossen oder beschränkt werden.

§ 1024 (Kollision mit anderen Rechten)

Trifft eine Grunddienstbarkeit [*§ 1018*] mit einer anderen [*gleichrangigen*] Grunddienstbarkeit [*§ 1018*] oder einem sonstigen [*dinglichen, nicht: Miete, vgl. § 577*] Nutzungsrecht an dem Grundstücke [*Erbbaurecht, Nießbrauch, § 1036, beschränkte persönliche Dienstbarkeit, § 1090*] dergestalt zusammen, daß die Rechte nebeneinander nicht [*z. B. mehrere Weiderechte*] oder nicht vollständig ausgeübt werden können, und haben die Rechte gleichen Rang [*anderenfalls geht das rangbessere vor, vgl. § 879*], so kann jeder Berechtigte eine den Interessen aller Berechtigten nach billigem Ermessen entsprechende Regelung der Ausübung [*§ 877: Inhaltsänderung*] verlangen [*§ 241, vgl. auch §§ 10–44 f, 52, 91 ZVG*].

§ 1025 (Teilung des herrschenden Grundstücks)

([1]) Wird das Grundstück des Berechtigten geteilt, so besteht die Grunddienstbarkeit für die einzelnen Teile fort; die Ausübung ist jedoch im Zweifel nur in der Weise zulässig, daß sie für den Eigentümer des belasteten Grundstücks nicht beschwerlicher wird. ([2]) Gereicht die Dienstbarkeit nur einem der Teile zum Vorteile [*vgl. § 1019 S 1*], so erlischt sie für die übrigen Teile [*ohne Löschung im Grundbuch; Folge: § 894 und § 22 GBO*].

§ 1026 (Teilung des belasteten Grundstücks)

Wird das belastete Grundstück geteilt, so werden, wenn die Ausübung der Grunddienstbarkeit [*§ 1018*] auf einen bestimmten Teil des belasteten Grundstücks beschränkt ist, die Teile, welche außerhalb des Bereichs der Ausübung liegen, [*kraft Gesetzes ohne Löschung im Grundbuch*] von der Dienstbarkeit frei [*Grund: § 1019 S 1; Folge: § 894 und § 22 GBO*].

§ 1027 (Abwehrrechte)

Wird eine Grunddienstbarkeit [*§ 1018*] beeinträchtigt, so stehen dem Berechtigten [*nur der jeweilige Eigentümer des herrschenden Grundstücks*] die im § 1004 bestimmten [*Beseitigungs- und Unterlassungs-*]Rechte [*gegen den Störer*] zu [*vgl. auch § 1029 zur Besitzschutzklage; bei Beeinträchtigung durch Überbau gelten §§ 912 ff analog § 916*].

§ 1028 (Verjährung)

(I[1]) Ist auf dem belasteten Grundstück eine Anlage, durch welche die Grunddienstbarkeit beeinträchtigt wird, errichtet worden, so unterliegt der Anspruch des Berechtigten auf Beseitigung der Beeinträchtigung [*aus § 1027*] der Verjährung [*§§ 194 f*], auch wenn die Dienstbarkeit im Grundbuch eingetragen ist [*Ausnahme von § 902*]. ([2]) Mit der Verjährung des Anspruchs [*§ 195*] erlischt die Dienstbarkeit [*ohne Löschung im Grundbuch; Folge: § 894 und § 22 GBO*], soweit der Bestand der Anlage mit ihr in Widerspruch steht.

(II) Die Vorschriften des § 892 finden keine Anwendung.

§ 1029 (Besitzschutz)

Wird der Besitzer eines [*herrschenden*] Grundstücks [*Mieter, Pächter etc.*] in der Ausübung einer für den Eigentümer im Grundbuch eingetragenen Grunddienstbarkeit [*§ 1018*] gestört, so finden die für den Besitzschutz geltenden Vorschriften [*§§ 858–864, 869*] entsprechende Anwendung, soweit die Dienstbarkeit innerhalb eines Jahres vor der Störung, sei es auch nur einmal, ausgeübt worden ist.

Zweiter Titel
Der Nießbrauch

[Der Nießbrauch gliedert sich in: Nießbrauch an Sachen, §§ 1030–1067, an Rechten, §§ 1068–1084, an einem Vermögen, §§ 1085–1088, an einer Erbschaft, § 1089. Erwerb: bewegliche Sachen, §§ 1032, 1033; Grundstücke, §§ 873, 874; Rechte, §§ 1069 I, 1080, 1081 II, 1084 und 1075. Er gewährt ein Besitzrecht iSd § 986, vgl. § 1036. Rechtsschutz wie Eigentum, §§ 985–1007, vgl. § 1065 und Anm. zu § 1027, die sinngemäß gilt. Besitzschutz: §§ 859ff. Erlöschensgründe: ins. Tod, § 1061, und Aufhebung, §§ 875, 1062, 1064, 1072.]

I. Nießbrauch an Sachen

[§§ 1030–1067]

§ 1030 (Inhalt)

(I) Eine Sache [*Nießbrauch an einem Grundstück: §§ 873, 1031; an beweglicher Sache: § 1032*] kann in der Weise belastet werden, daß derjenige, zu dessen Gunsten die Belastung erfolgt [*jede natürliche und juristische Person, ferner OHG und KG und auch der Eigentümer selbst, str.*], berechtigt ist [*unveräußerlich, § 1059, und unvererblich, § 1061*], die [*genauer: alle, vgl. Abs. II*] Nutzungen [*§§ 99, 100*] der Sache [*§§ 1030–1067 gelten grds. auch für Nießbrauch an Rechten, vgl. § 1069*] zu ziehen (Nießbrauch). [*Eigentumserwerb an Erzeugnissen: §§ 953, 954. Der Nießbraucher tritt in Miet- und Pachtverhältnisse ein; die Mietzinsforderung steht ihm zu, vgl. § 578.*]

(II) Der Nießbrauch kann durch den Ausschluß einzelner Nutzungen beschränkt werden.

§ 1031 (Erstreckung auf Zubehör)

Mit dem Nießbrauch an einem Grundstück erlangt der Nießbraucher den Nießbrauch an dem Zubehöre nach den für den Erwerb des Eigentums geltenden Vorschriften des § 926.

§ 1032 (Nießbrauchbestellung an beweglichen Sachen)

([1]) Zur Bestellung des Nießbrauchs an einer beweglichen Sache ist erforderlich, daß der Eigentümer die Sache dem Erwerber übergibt und beide darüber einig sind, daß diesem Nießbrauch zustehen soll. ([2]) Die Vorschriften des § 929 Satz 2, der §§ 930 bis 932 und der §§ 933 bis 936 finden entsprechende Anwendung; in den Fällen des § 936 tritt nur die Wirkung ein, daß der Nießbrauch dem Rechte des Dritten vorgeht.

§ 1033 (Ersitzung des Nießbrauchs)

([1]) Der Nießbrauch an einer beweglichen Sache kann durch Ersitzung erworben werden. ([2]) Die für den Erwerb des Eigentums durch Ersitzung geltenden Vorschriften finden entsprechende Anwendung.

§ 1034 (Feststellung des Zustandes)

([1]) Der Nießbraucher kann den Zustand der Sache auf seine Kosten durch Sachverständige feststellen lassen. ([2]) Das gleiche Recht steht dem Eigentümer zu.

§ 1035 (Verzeichnis über Sachinbegriff)

([1]) Bei dem Nießbrauch an einem Inbegriffe von Sachen sind der Nießbraucher und der Eigentümer einander verpflichtet, zur Aufnahme eines Verzeichnisses der Sachen mitzuwirken. ([2]) Das Verzeichnis ist mit der Angabe des Tages der Aufnahme zu versehen und von beiden Teilen zu unterzeichnen; jeder Teil kann verlangen, daß die Unterzeichnung öffentlich beglaubigt wird. ([3]) Jeder Teil kann auch verlangen, daß das Verzeichnis durch die zuständige Behörde oder durch einen zuständigen Beamten oder Notar aufgenommen wird. ([4]) Die Kosten hat derjenige zu tragen und vorzuschießen, welcher die Aufnahme oder die Beglaubigung verlangt.

§ 1036 (Besitzrecht)

(I) Der Nießbraucher ist zum Besitze der Sache berechtigt.

(II) [*Ordnungsmäßige Nutzung*] Er hat bei der Ausübung des Nutzungsrechts die bisherige wirtschaftliche Bestimmung der Sache aufrechtzuerhalten und nach den Regeln einer ordnungsmäßigen Wirtschaft zu verfahren.

§ 1037 (Veränderungsverbot)

(I) Der Nießbraucher ist nicht berechtigt, die Sache umzugestalten oder wesentlich zu verändern.

(II) Der Nießbraucher eines Grundstücks darf neue Anlagen zur Gewinnung von Steinen, Kies, Sand, Lehm, Ton, Mergel, Torf und sonstigen Bodenbestandteilen errichten, sofern nicht die wirtschaftliche Bestimmung des Grundstücks dadurch wesentlich verändert wird.

§ 1038 (Nießbrauch an Wald, Bergwerk etc.)

(I[1]) Ist ein Wald Gegenstand des Nießbrauchs, so kann sowohl der Eigentümer als der Nießbraucher verlangen, daß das Maß der Nutzung und die Art der wirtschaftlichen Behandlung durch einen Wirtschaftsplan festgestellt werden. ([2]) Tritt eine erhebliche Änderung der Umstände ein, so kann jeder Teil eine entsprechende Änderung des Wirtschaftsplans verlangen. (3) Die Kosten hat jeder Teil zur Hälfte zu tragen.

(II) Das gleiche gilt, wenn ein Bergwerk oder eine andere auf Gewinnung von Bodenbestandteilen gerichtete Anlage Gegenstand des Nießbrauchs ist.

§ 1039 (Übermäßige Fruchtziehung)

(I1) Der Nießbraucher erwirbt das Eigentum auch an solchen Früchten, die er den Regeln einer ordnungsmäßigen Wirtschaft zuwider oder die er deshalb im Übermaße zieht, weil dies infolge eines besonderen Ereignisses notwendig geworden ist. (2) Er ist jedoch, unbeschadet seiner Verantwortlichkeit für ein Verschulden, verpflichtet, den Wert der Früchte dem Eigentümer bei der Beendigung des Nießbrauchs zu ersetzen und für die Erfüllung dieser Verpflichtung Sicherheit zu leisten. (3) Sowohl der Eigentümer als der Nießbraucher kann verlangen, daß der zu ersetzende Betrag zur Wiederherstellung der Sache insoweit verwendet wird, als es einer ordnungsmäßigen Wirtschaft entspricht.

(II) Wird die Verwendung zur Wiederherstellung der Sache nicht verlangt, so fällt die Ersatzpflicht weg, soweit durch den ordnungswidrigen oder den übermäßigen Fruchtbezug die dem Nießbraucher gebührenden Nutzungen beeinträchtigt werden.

§ 1040 (Kein Anteil am Schatz)

Das Recht des Nießbrauchers erstreckt sich nicht auf den Anteil des Eigentümers an einem Schatze, der in der Sache gefunden wird.

§ 1041 (Erhaltungspflicht)

(1) Der Nießbraucher hat für die Erhaltung der Sache in ihrem wirtschaftlichen Bestande zu sorgen. (2) Ausbesserungen und Erneuerungen liegen ihm nur insoweit ob, als sie zu der gewöhnlichen Unterhaltung der Sache gehören.

§ 1042 (Anzeigepflicht)

(1) Wird die Sache zerstört oder beschädigt oder wird eine außergewöhnliche Ausbesserung oder Erneuerung der Sache oder eine Vorkehrung zum Schutze der Sache gegen eine nicht vorhergesehene Gefahr erforderlich, so hat der Nießbraucher dem Eigentümer unverzüglich Anzeige zu machen. (2) Das gleiche gilt, wenn sich ein Dritter ein Recht an der Sache anmaßt.

§ 1043 (Verwendungsrecht des Eigentümers)

Nimmt der Nießbraucher eines Grundstücks eine erforderlich gewordene außergewöhnliche Ausbesserung oder Erneuerung selbst vor, so darf er zu diesem Zwecke innerhalb der Grenzen einer ordnungsmäßigen Wirtschaft auch Bestandteile des Grundstücks verwenden, die nicht zu den ihm gebührenden Früchten gehören.

§ 1044 (Ausbesserungsrecht des Eigentümers)

Nimmt der Nießbraucher eine erforderlich gewordene Ausbesserung oder Erneuerung der Sache nicht selbst vor, so hat er dem Eigentümer die Vornahme und, wenn ein Grundstück Gegenstand des Nießbrauchs ist, die Verwendung der im § 1043 bezeichneten Bestandteile des Grundstücks zu gestatten.

§ 1045 (Versicherungspflicht des Nießbrauchers)

(I[1]) Der Nießbraucher hat die Sache für die Dauer des Nießbrauchs gegen Brandschaden und sonstige Unfälle auf seine Kosten unter Versicherung zu bringen, wenn die Versicherung einer ordnungsmäßigen Wirtschaft entspricht. ([2]) Die Versicherung ist so zu nehmen, daß die Forderung gegen den Versicherer dem Eigentümer zusteht.

(II) Ist die Sache bereits versichert, so fallen die für die Versicherung zu leistenden Zahlungen dem Nießbraucher für die Dauer des Nießbrauchs zur Last, soweit er zur Versicherung verpflichtet sein würde.

§ 1046 (Nießbrauch an Versicherungsforderung)

(I) An der Forderung gegen den Versicherer steht dem Nießbraucher der Nießbrauch nach den Vorschriften zu, die für den Nießbrauch an einer auf Zinsen ausstehenden Forderung gelten.

(II[1]) Tritt ein unter die Versicherung fallender Schaden ein, so kann sowohl der Eigentümer als der Nießbraucher verlangen, daß die Versicherungssumme zur Wiederherstellung der Sache oder zur Beschaffung eines Ersatzes insoweit verwendet wird, als es einer ordnungsmäßigen Wirtschaft entspricht. ([2]) Der Eigentümer kann die Verwendung selbst besorgen oder dem Nießbraucher überlassen.

§ 1047 (Lasten der Nießbrauchsache)

Der Nießbraucher ist dem Eigentümer gegenüber verpflichtet, für die Dauer des Nießbrauchs die auf der Sache ruhenden öffentlichen Lasten mit Ausschluß der außerordentlichen Lasten, die als auf den Stammwert der Sache gelegt anzusehen sind, sowie diejenigen privatrechtlichen Lasten zu tragen, welche schon zur Zeit der Bestellung des Nießbrauchs auf der Sache ruhten, insbesondere die Zinsen der Hypothekenforderungen und Grundschulden sowie die auf Grund einer Rentenschuld zu entrichtenden Leistungen.

§ 1048 (Nießbrauch an Grundstücken samt Inventar)

(I[1]) Ist ein Grundstück samt Inventar Gegenstand des Nießbrauchs, so kann der Nießbraucher über die einzelnen Stücke des Inventars innerhalb der Grenzen einer ordnungsmäßigen Wirtschaft verfügen. ([2]) Er hat für den gewöhnlichen Abgang sowie für die nach den Regeln einer ordnungsmäßigen Wirtschaft ausscheidenden Stücke Ersatz zu beschaffen; die von ihm angeschafften Stücke werden mit der Einverleibung in das Inventar Eigentum desjenigen, welchem das Inventar gehört.

(II) Übernimmt der Nießbraucher das Inventar zum Schätzungswerte mit der Verpflichtung, es bei der Beendigung des Nießbrauchs zum Schätzungswerte zurückzugewähren, so finden die Vorschriften der §§ 588, 589 entsprechende Anwendung.

§ 1049 (Freiwillige Verwendungen des Nießbrauchers)

(I) Macht der Nießbraucher Verwendungen auf die Sache, zu denen er nicht verpflichtet ist, so bestimmt sich die Ersatzpflicht des Eigentümers nach den Vorschriften über die Geschäftsführung ohne Auftrag.

(II) Der Nießbraucher ist berechtigt, eine Einrichtung, mit der er die Sache versehen hat, wegzunehmen.

§ 1050 (Veränderungen, Verschlechterungen)

Veränderungen oder Verschlechterungen der Sache, welche durch die ordnungsmäßige Ausübung des Nießbrauchs herbeigeführt werden, hat der Nießbraucher nicht zu vertreten.

§ 1051 (Sicherheitsleistung)

Wird durch das Verhalten des Nießbrauchers die Besorgnis einer erheblichen Verletzung der Rechte des Eigentümers begründet, so kann der Eigentümer Sicherheitsleistung verlangen.

§ 1052 (Gerichtliche Verwaltung)

(I[1]) Ist der Nießbraucher zur Sicherheitsleistung rechtskräftig verurteilt, so kann der Eigentümer statt der Sicherheitsleistung verlangen, daß die Ausübung des Nießbrauchs für Rechnung des Nießbrauchers einem von dem Gerichte zu bestellenden Verwalter übertragen wird. ([2]) Die Anordnung der Verwaltung ist nur zulässig, wenn dem Nießbraucher auf Antrag des Eigentümers von dem Gericht eine Frist zur Sicherheitsleistung bestimmt worden und die Frist verstrichen ist; sie ist unzulässig, wenn die Sicherheit vor dem Ablaufe der Frist geleistet wird.

(II[1]) Der Verwalter steht unter der Aufsicht des Gerichts wie ein für die Zwangsverwaltung eines Grundstücks bestellter Verwalter. ([2]) Verwalter kann auch der Eigentümer sein.

(III) Die Verwaltung ist aufzuheben, wenn die Sicherheit nachträglich geleistet wird.

§ 1053 (Unterlassungsanspruch des Eigentümers)

Macht der Nießbraucher einen Gebrauch von der Sache, zu dem er nicht befugt ist, und setzt er den Gebrauch ungeachtet einer Abmahnung des Eigentümers fort, so kann der Eigentümer auf Unterlassung klagen.

§ 1054 (Verwaltung bei Rechtsverletzung)

Verletzt der Nießbraucher die Rechte des Eigentümers in erheblichem Maße und setzt er das verletzende Verhalten ungeachtet einer Abmahnung des Eigentümers fort, so kann der Eigentümer die Anordnung einer Verwaltung nach § 1052 verlangen.

§ 1055 (Rückgabe der Sache)

(I) Der Nießbraucher ist verpflichtet, die Sache nach der Beendigung des Nießbrauchs dem Eigentümer zurückzugeben.

(II) Bei dem Nießbrauch an einem landwirtschaftlichen Grundstücke finden die Vorschriften der §§ 591, 592, bei dem Nießbrauch an einem Landgute finden die Vorschriften der §§ 591 bis 593 entsprechende Anwendung.

§ 1056 (Fortbestand von Miete und Pacht)

(I) Hat der Nießbraucher ein Grundstück über die Dauer des Nießbrauchs hinaus vermietet oder verpachtet, so finden nach der Beendigung des Nießbrauchs die für den Fall der Veräußerung geltenden Vorschriften der §§ 571, 572, des § 573 Satz 1 und der §§ 574 bis 576, 579 entsprechende Anwendung.

(II[1]) Der Eigentümer ist berechtigt, das Miet- oder Pachtverhältnis unter Einhaltung der gesetzlichen Kündigungsfrist zu kündigen. ([2]) Verzichtet der Nießbraucher auf den Nießbrauch, so ist die Kündigung erst von der Zeit an zulässig, zu welcher der Nießbrauch ohne den Verzicht erlöschen würde.

(III[1]) Der Mieter oder der Pächter ist berechtigt, den Eigentümer unter Bestimmung einer angemessenen Frist zur Erklärung darüber aufzufordern, ob er von dem Kündigungsrechte Gebrauch mache. ([2]) Die Kündigung kann nur bis zum Ablaufe der Frist erfolgen.

§ 1057 (Verjährung)

([1]) Die Ersatzansprüche des Eigentümers wegen Veränderungen oder Verschlechterungen der Sache sowie die Ansprüche des Nießbrauchers auf Ersatz von Verwendungen oder auf Gestattung der Wegnahme einer Einrichtung verjähren in sechs Monaten. ([2]) Die Vorschriften des § 558 Abs. 2, 3 finden entsprechende Anwendung.

§ 1058 (Vermutung des Eigentums des Bestellers)

Im Verhältnisse zwischen dem Nießbraucher und dem Eigentümer gilt zugunsten des Nießbrauchers der Besteller als Eigentümer, es sei denn, daß der Nießbraucher weiß, daß der Besteller nicht Eigentümer ist.

§ 1059 (Unübertragbarkeit)

([1]) Der Nießbrauch ist nicht übertragbar. ([2]) Die Ausübung des Nießbrauchs kann einem anderen überlassen werden.

§ 1059 a (Übertragbarkeit bei juristischen Personen)

Steht ein Nießbrauch einer juristischen Person zu, so ist er nach Maßgabe der folgenden Vorschriften übertragbar:

1. Geht das Vermögen der juristischen Person auf dem Wege der Gesamtrechtsnachfolge auf einen anderen über, so geht auch der Nießbrauch auf den Rechtsnachfolger über, es sei denn, daß der Übergang ausdrücklich ausgeschlossen ist.
2. (1) Wird sonst ein von einer juristischen Person betriebenes Unternehmen oder ein Teil eines solchen Unternehmens auf einen anderen übertragen, so kann auf den Erwerber auch ein Nießbrauch übertragen werden, sofern er den Zwecken des Unternehmens oder des Teiles des Unternehmens zu dienen geeignet ist. (2) Ob diese Voraussetzungen gegeben sind, wird durch eine Erklärung der obersten Landesbehörde oder der von ihr ermächtigten Behörde festgestellt. (3) Die Erklärung bindet die Gerichte und die Verwaltungsbehörden.

§ 1059 b (Keine Belastung, Verpfändung, Pfändung)

Ein Nießbrauch kann auf Grund der Vorschriften des § 1059 a weder gepfändet noch verpfändet noch mit einem Nießbrauch belastet werden.

§ 1059 c (Eintritt des Rechtsnachfolgers in Rechte und Pflichten)

(I1) Im Falle des Übergangs oder der Übertragung des Nießbrauchs tritt der Erwerber an Stelle des bisherigen Berechtigten in die mit dem Nießbrauch verbundenen Rechte und Verpflichtungen gegenüber dem Eigentümer ein. (2) Sind in Ansehung dieser Rechte und Verpflichtungen Vereinbarungen zwischen dem Eigentümer und dem Berechtigten getroffen worden, so wirken sie auch für und gegen den Erwerber.

(II) Durch den Übergang oder die Übertragung des Nießbrauchs wird ein Anspruch auf Entschädigung weder für den Eigentümer noch für sonstige dinglich Berechtigte begründet.

§ 1059 d (Fortbestand von Miete und Pacht)

Hat der bisherige Berechtigte das mit dem Nießbrauch belastete Grundstück über die Dauer des Nießbrauchs hinaus vermietet oder verpachtet, so sind nach der Übertragung des Nießbrauchs die für den Fall der Veräußerung geltenden Vorschriften der §§ 571 bis 576, 578 und 579 entsprechend anzuwenden.

§ 1059 e (Anspruch einer juristischen Person)

Steht ein Anspruch auf Einräumung eines Nießbrauchs einer juristischen Person zu, so gelten die Vorschriften der §§ 1059 a bis 1059 d entsprechend.

§ 1060 (Konflikt mit anderen Rechten)

Trifft ein Nießbrauch mit einem anderen Nießbrauch oder mit einem sonstigen Nutzungsrecht an der Sache dergestalt zusammen, daß die Rechte nebeneinander nicht oder nicht vollständig ausgeübt werden können, und haben die Rechte gleichen Rang, so findet die Vorschrift des § 1024 Anwendung.

§ 1061 (Tod des Nießbrauchers; Erlöschen)

([1]) Der Nießbrauch erlischt mit dem Tode des Nießbrauchers. ([2]) Steht der Nießbrauch einer juristischen Person zu, so erlischt er mit dieser.

§ 1062 (Wirkung der Aufhebung bzgl. Zubehör)

Wird der Nießbrauch an einem Grundstücke durch Rechtsgeschäft aufgehoben, so erstreckt sich die Aufhebung im Zweifel auf den Nießbrauch an dem Zubehöre.

§ 1063 (Vereinigung mit dem Eigentum an beweglichen Sachen)

(I) Der Nießbrauch an einer beweglichen Sache erlischt, wenn er mit dem Eigentum in derselben Person zusammentrifft.

(II) Der Nießbrauch gilt als nicht erloschen, soweit der Eigentümer ein rechtliches Interesse an dem Fortbestehen des Nießbrauchs hat.

§ 1064 (Aufhebung des Nießbrauchs an beweglichen Sachen)

Zur Aufhebung des Nießbrauchs an einer beweglichen Sache durch Rechtsgeschäft genügt die Erklärung des Nießbrauchers gegenüber dem Eigentümer oder dem Besteller, daß er den Nießbrauch aufgebe.

§ 1065 (Schutzrecht des Nießbrauchers)

Wird das Recht des Nießbrauchers beeinträchtigt, so finden auf die Ansprüche des Nießbrauchers die für die Ansprüche aus dem Eigentume geltenden Vorschriften entsprechende Anwendung.

§ 1066 (Nießbrauch an Miteigentumsanteil)

(I) Besteht ein Nießbrauch an dem Anteil eines Miteigentümers, so übt der Nießbraucher die Rechte aus, die sich aus der Gemeinschaft der Miteigentümer in Ansehung der Verwaltung der Sache und der Art ihrer Benutzung ergeben.

(II) Die Aufhebung der Gemeinschaft kann nur von dem Miteigentümer und dem Nießbraucher gemeinschaftlich verlangt werden.

(III) Wird die Gemeinschaft aufgehoben, so gebührt dem Nießbraucher der Nießbrauch an den Gegenständen, welche an die Stelle des Anteils treten.

§ 1067 (Nießbrauch an verbrauchbaren Sachen)

(I[1]) Sind verbrauchbare Sachen Gegenstand des Nießbrauchs, so wird der Nießbraucher Eigentümer der Sachen; nach der Beendigung des Nießbrauchs hat er dem Besteller den Wert zu ersetzen, den die Sachen zur Zeit der Bestellung hatten. ([2]) Sowohl der Besteller als der Nießbraucher kann den Wert auf seine Kosten durch Sachverständige feststellen lassen.

(II) Der Besteller kann Sicherheitsleistung verlangen, wenn der Anspruch auf Ersatz des Wertes gefährdet ist.

II. Nießbrauch an Rechten

[§§ 1068–1084]

§ 1068 (Grundsatz)

(I) Gegenstand des Nießbrauchs kann auch ein Recht sein [*vgl. § 1273, der sinngemäß gilt*].

(II) Auf den Nießbrauch an Rechten finden die Vorschriften über den Nießbrauch an Sachen [*§§ 1030–1067*] entsprechende Anwendung, soweit sich nicht aus den §§ 1069 bis 1084 ein anderes ergibt [*z. B. §§ 1073, 1074, 1080, 1081*].

§ 1069 (Bestellung)

(I) Die Bestellung des Nießbrauchs an einem Rechte erfolgt nach den für die Übertragung des Rechtes geltenden Vorschriften.

(II) An einem Rechte, das nicht übertragbar ist, kann ein Nießbrauch nicht bestellt werden.

§ 1070 (Nießbrauch an Forderungsrecht)

(I) Ist ein Recht, kraft dessen eine Leistung gefordert werden kann, Gegenstand des Nießbrauchs, so finden auf das Rechtsverhältnis zwischen dem Nießbraucher und dem Verpflichteten die Vorschriften entsprechende Anwendung, welche im Falle der Übertragung des Rechtes für das Rechtsverhältnis zwischen dem Erwerber und dem Verpflichteten gelten.

(II[1]) Wird die Ausübung des Nießbrauchs nach § 1052 einem Verwalter übertragen, so ist die Übertragung dem Verpflichteten gegenüber erst wirksam, wenn er von der getroffenen Anordnung Kenntnis erlangt oder wenn ihm eine Mitteilung von der Anordnung zugestellt wird. ([2]) Das gleiche gilt von der Aufhebung der Verwaltung.

§ 1071 (Zustimmung bei Rechtsaufhebung)

(I[1]) Ein dem Nießbrauch unterliegendes Recht kann durch Rechtsgeschäft nur mit Zustimmung des Nießbrauchers aufgehoben werden. ([2]) Die Zustimmung ist demjenigen gegenüber zu erklären, zu dessen Gunsten sie erfolgt; sie ist unwiderruflich. ([3]) Die Vorschrift des § 876 Satz 3 bleibt unberührt.

(II) Das gleiche gilt im Falle einer Änderung des Rechtes, sofern sie den Nießbrauch beeinträchtigt.

§ 1072 (Beendigung des Nießbrauchs)

Die Beendigung des Nießbrauchs tritt nach den Vorschriften der §§ 1063, 1064 auch dann ein, wenn das dem Nießbrauch unterliegende Recht nicht ein Recht an einer beweglichen Sache ist.

§ 1073 (Nießbrauch an Leibrente etc.)

Dem Nießbraucher einer Leibrente, eines Auszugs oder eines ähnlichen Rechtes gebühren die einzelnen Leistungen, die auf Grund des Rechtes gefordert werden können.

§ 1074 (Nießbrauch an unverzinslichen Forderungen)

(1) Der Nießbraucher einer Forderung ist zur Einziehung der Forderung und, wenn die Fälligkeit von einer Kündigung des Gläubigers abhängt, zur Kündigung berechtigt. (2) Er hat für die ordnungsmäßige Einziehung zu sorgen. (3) Zu anderen Verfügungen über die Forderung ist er nicht berechtigt.

§ 1075 (Surrogation)

(I) Mit der Leistung des Schuldners an den Nießbraucher erwirbt der Gläubiger den geleisteten Gegenstand und der Nießbraucher den Nießbrauch an dem Gegenstande.

(II) Werden verbrauchbare Sachen geleistet, so erwirbt der Nießbraucher das Eigentum; die Vorschriften des § 1067 finden entsprechende Anwendung.

§ 1076 (Nießbrauch an verzinslichen Forderungen)

Ist eine auf Zinsen ausstehende Forderung Gegenstand des Nießbrauchs, so gelten die Vorschriften der §§ 1077 bis 1079.

§ 1077 (Zahlung des Schuldners; Kündigung)

(I1) Der Schuldner kann das Kapital nur an den Nießbraucher und den Gläubiger gemeinschaftlich zahlen. (2) Jeder von beiden kann verlangen, daß an sie gemeinschaftlich gezahlt wird; jeder kann statt der Zahlung die Hinterlegung für beide fordern.

(II1) Der Nießbraucher und der Gläubiger können nur gemeinschaftlich kündigen. (2) Die Kündigung des Schuldners ist nur wirksam, wenn sie dem Nießbraucher und dem Gläubiger erklärt wird.

§ 1078 (Verpflichtung zur Mitwirkung bei Einziehung)

(1) Ist die Forderung fällig, so sind der Nießbraucher und der Gläubiger einander verpflichtet, zur Einziehung mitzuwirken. (2) Hängt die Fälligkeit von einer Kündigung ab, so kann jeder Teil die Mitwirkung des anderen zur Kündigung verlangen, wenn die Einziehung der Forderung wegen Gefährdung ihrer Sicherheit nach den Regeln einer ordnungsmäßigen Vermögensverwaltung geboten ist.

§ 1079 (Mitwirkungspflicht bei Kapitalanlegung)

(1) Der Nießbraucher und der Gläubiger sind einander verpflichtet, dazu mitzuwirken, daß das eingezogene Kapital nach den für die Anlegung von Mündelgeld

geltenden Vorschriften verzinslich angelegt und gleichzeitig dem Nießbraucher der Nießbrauch bestellt wird. (2) Die Art der Anlegung bestimmt der Nießbraucher.

§ 1080 (Nießbrauch an Grundschuld und Rentenschuld)

Die Vorschriften über den Nießbrauch an einer Forderung gelten auch für den Nießbrauch an einer Grundschuld und an einer Rentenschuld.

§ 1081 (Nießbrauch an Inhaber- und Orderpapieren)

(I 1) Ist ein Inhaberpapier oder ein Orderpapier, das mit Blankoindossament versehen ist, Gegenstand des Nießbrauchs, so steht der Besitz des Papiers und des zu dem Papiere gehörenden Erneuerungsscheins dem Nießbraucher und dem Eigentümer gemeinschaftlich zu. (2) Der Besitz der zu dem Papiere gehörenden Zins-, Renten- oder Gewinnanteilscheine steht dem Nießbraucher zu.

(II) Zur Bestellung des Nießbrauchs genügt anstelle der Übergabe des Papiers die Einräumung des Mitbesitzes.

§ 1082 (Hinterlegungspflicht)

(1) Das Papier ist nebst dem Erneuerungsschein auf Verlangen des Nießbrauchers oder des Eigentümers bei einer Hinterlegungsstelle mit der Bestimmung zu hinterlegen, daß die Herausgabe nur von dem Nießbraucher und dem Eigentümer gemeinschaftlich verlangt werden kann. (2) Der Nießbraucher kann auch Hinterlegung bei der Reichsbank, bei der Deutschen Zentralgenossenschaftskasse oder bei der Deutschen Girozentrale (Deutschen Kommunalbank) verlangen.

§ 1083 (Mitwirkung bei Vermögensverwaltung)

(I) Der Nießbraucher und der Eigentümer des Papiers sind einander verpflichtet, zur Einziehung des fälligen Kapitals, zur Beschaffung neuer Zins-, Renten- oder Gewinnanteilscheine sowie zu sonstigen Maßnahmen mitzuwirken, die zur ordnungsmäßigen Vermögensverwaltung erforderlich sind.

(II 1) Im Falle der Einlösung des Papiers finden die Vorschriften des § 1079 Anwendung. (2) Eine bei der Einlösung gezahlte Prämie gilt als Teil des Kapitals.

§ 1084 (Nießbrauch an verbrauchbaren Wertpapieren)

Gehört ein Inhaberpapier oder ein Orderpapier, das mit Blankoindossament versehen ist, nach § 92 zu den verbrauchbaren Sachen, so bewendet es bei den Vorschriften des § 1067.

III. Nießbrauch an einem Vermögen

[§§ 1085–1088]

§ 1085 (Bestellung)

(1) Der Nießbrauch an dem Vermögen einer Person kann nur in der Weise be-

stellt werden, daß der Nießbraucher den Nießbrauch an den einzelnen zu dem Vermögen gehörenden Gegenständen erlangt [*durch Einzelbestellung: bei Grundstücken nach § 873, an beweglichen Sachen, § 1032, an Rechten gemäß §§ 1069, 1081*]. (²) Soweit der Nießbrauch bestellt ist [*d. h. an den Einzelgegenständen in der Absicht, dadurch einen Nießbrauch an dem ganzen Vermögen oder einem Bruchteil des Vermögens zu bestellen*], gelten die Vorschriften der §§ 1086 bis 1088.

§ 1086 (Haftung für Gläubiger des Bestellers)

(¹) Die Gläubiger des Bestellers können, soweit ihre Forderungen vor der Bestellung entstanden sind, ohne Rücksicht auf den Nießbrauch Befriedigung aus den dem Nießbrauch unterliegenden Gegenständen verlangen. (²) Hat der Nießbraucher das Eigentum an verbrauchbaren Sachen erlangt, so tritt an die Stelle der Sachen der Anspruch des Bestellers auf Ersatz des Wertes; der Nießbraucher ist den Gläubigern gegenüber zum sofortigen Ersatze verpflichtet.

§ 1087 (Rückgabe zur Gläubigerbefriedigung)

(I¹) Der Besteller kann, wenn eine vor der Bestellung entstandene Forderung fällig ist, von dem Nießbraucher Rückgabe der zur Befriedigung des Gläubigers erforderlichen Gegenstände verlangen. (²) Die Auswahl steht ihm zu; er kann jedoch nur die vorzugsweise geeigneten Gegenstände auswählen. (³) Soweit die zurückgegebenen Gegenstände ausreichen, ist der Besteller dem Nießbraucher gegenüber zur Befriedigung des Gläubigers verpflichtet.

(II¹) Der Nießbraucher kann die Verbindlichkeit durch Leistung des geschuldeten Gegenstandes erfüllen. (²) Gehört der geschuldete Gegenstand nicht zu dem Vermögen, das dem Nießbrauch unterliegt, so ist der Nießbraucher berechtigt, zum Zwecke der Befriedigung des Gläubigers einen zu dem Vermögen gehörenden Gegenstand zu veräußern, wenn die Befriedigung durch den Besteller nicht ohne Gefahr abgewartet werden kann. (³) Er hat einen vorzugsweise geeigneten Gegenstand auszuwählen. (⁴) Soweit er zum Ersatze des Wertes verbrauchbarer Sachen verpflichtet ist, darf er eine Veräußerung nicht vornehmen.

§ 1088 (Zinsleistungspflicht)

(I¹) Die Gläubiger des Bestellers, deren Forderungen schon zur Zeit der Bestellung verzinslich waren, können die Zinsen für die Dauer des Nießbrauchs auch von dem Nießbraucher verlangen. (²) Das gleiche gilt von anderen wiederkehrenden Leistungen, die bei ordnungsmäßiger Verwaltung aus den Einkünften des Vermögens bestritten werden, wenn die Forderung vor der Bestellung des Nießbrauchs entstanden ist.

(II) Die Haftung des Nießbrauchers kann nicht durch Vereinbarung zwischen ihm und dem Besteller ausgeschlossen oder beschränkt werden.

(III¹) Der Nießbraucher ist dem Besteller gegenüber zur Befriedigung der Gläubiger wegen der im Absatz 1 bezeichneten Ansprüche verpflichtet. (²) Die Rückgabe von Gegenständen zum Zwecke der Befriedigung kann der Besteller nur verlangen, wenn der Nießbraucher mit der Erfüllung dieser Verbindlichkeit in Verzug kommt.

§ 1089 (Nießbrauch an einer Erbschaft)

Die Vorschriften der §§ 1085 bis 1088 finden auf den Nießbrauch an einer Erbschaft [*Nießbrauch am Erbteil ist Rechtsnießbrauch; Folge: §§ 1068 ff gelten*] entsprechende Anwendung.

Dritter Titel
Beschränkte persönliche Dienstbarkeiten

[§§ 1090–1093]

§ 1090 (Inhalt)

(I) Ein Grundstück [*oder Erbbaurecht, nicht Miteigentumsanteil*] kann in der Weise belastet werden [*§§ 873 ff*], daß derjenige, zu dessen Gunsten die Belastung erfolgt [*Berechtigter kann nur eine bestimmte natürliche oder juristische Person, auch OHG und KG, sein; Hauptunterschied zur Dienstbarkeit, § 1018!*], berechtigt ist, das Grundstück in einzelnen Beziehungen [*Abgrenzung zum Nießbrauch, § 1030*] zu benutzen [*vgl. § 1093*], oder daß ihm eine sonstige Befugnis zusteht, die den Inhalt einer Grunddienstbarkeit [*§ 1018; § 1019 ist unanwendbar: Abs. II*] bilden kann (beschränkte persönliche Dienstbarkeit).

(II) Die Vorschriften der §§ 1020 bis 1024 [*Ausübung der Dienstbarkeit*], 1026 bis 1029 [*Teilung des Grundstücks und Schutz der Dienstbarkeit*], 1061 [*nicht vererblich; vgl. § 1092 I 1: und nicht übertragbar*] finden entsprechende Anwendung. [*§ 1019 ist nicht anwendbar. An dessen Stelle tritt § 1091. Entstehung: wie Anm. § 1018. Erlöschen: wie Anm. § 1018; § 1025 unanwendbar.*]

§ 1091 (Inhalt bei fehlender Vereinbarung)

Der Umfang einer beschränkten persönlichen Dienstbarkeit [*§ 1090*] bestimmt sich [*nach der Parteivereinbarung und nur, wenn die Parteien über den Umfang des Rechts nichts geregelt haben*] im Zweifel nach dem persönlichen Bedürfnisse des Berechtigten. [*Da die beschränkte persönliche Dienstbarkeit nicht auf Vorteile des herrschenden Grundstücks beschränkt ist – § 1019 gilt nicht – ist auch die Einräumung einer Wettbewerbsdienstbarkeit grundsätzlich zulässig.*]

§ 1092 (Nicht übertragbar)

(I[1]) Eine beschränkte persönliche Dienstbarkeit [*§ 1090*] ist nicht übertragbar [*Ausnahme: Abs. II*]. ([2]) Die Ausübung der Dienstbarkeit [*§ 1090*] kann einem anderen nur überlassen werden, wenn die Überlassung [*durch den Eigentümer*] gestattet ist [*§§ 873, 877*]. [*Zur Pfändbarkeit: vgl. § 857 III ZPO, § 1092 I iVm § 1059 S 2 analog. Nicht gestattete Ausübung kann der Eigentümer nach §§ 1090 II, 1027, 1004 abwehren.*]

(II) Steht eine beschränkte persönliche Dienstbarkeit [*§ 1090*] oder der [*schuldrechtliche*] Anspruch auf Einräumung einer beschränkten persönlichen Dienstbarkeit [*vgl. § 1059d*] einer juristischen Person zu, so gelten die [*Nießbrauch-*]Vorschriften der §§ 1059a bis 1059d entsprechend [*d.h. ins. ist übertragbar, § 1059a*].

§ 1093 (Dingliches Wohnungsrecht)

(I[1]) Als beschränkte persönliche Dienstbarkeit [*§ 1090, ins. Abs. II!*] kann auch das Recht [*Benutzungserlaubnis, § 1090 I 1. Alt*] bestellt werden [*§§ 873, 874*], ein Gebäude oder einen Teil eines Gebäudes unter Ausschluß [*jedes Mitbenutzungsrechts*] des Eigentümers [*ausschließlich*] als Wohnung zu benutzen [*Unterschied zum Nießbrauch, vgl. § 1030*]. ([2]) Auf dieses [*dingliche Wohnungs-*]Recht finden [*außer §§ 1090–1092, also unvererblich, §§ 1090 II, 1061, idR nicht übertragbar, § 1092 I 1 und nur bei Gestattung Dritten zur Ausübung überlaßbar, § 1092 I 2, Einschränkung in Abs. II*] die für den Nießbrauch geltenden Vorschriften der §§ 1031 [*Erstreckung auf Zubehör*], 1034 [*Zustandsfeststellung*], 1036 [*Recht zum Besitz*], des § 1037 Abs. 1 [*Umgestaltung*] und der §§ 1041, 1042, 1044 [*Unterhaltungspflicht*], 1049 [*Verwendungsersatz*], 1050 [*Abnutzung*], 1057 [*Verjährung der Ersatzansprüche*], 1062 [*Erstreckung der Aufhebung auf das Zubehör*] entsprechende Anwendung. [*Zur schuldrechtlichen Miete: vgl. § 577. Zum Dauerwohnrecht: §§ 31 f WEG.*]

(II) Der Berechtigte ist [*ohne Gestattung, § 1092 I 2*] befugt, seine Familie sowie die zur standesmäßigen Bedienung und zur Pflege erforderlichen Personen in die Wohnung aufzunehmen.

(III) Ist das [*Wohn-*]Recht auf einen Teil des Gebäudes beschränkt, so kann der Berechtigte die zum gemeinschaftlichen Gebrauche der Bewohner bestimmten Anlagen und Einrichtungen [*kraft Gesetzes*] mitbenutzen [*z. B. Waschküche, Trokkenboden*].

Sechster Abschnitt
[Dingliches]
Vorkaufsrecht
[§§ 1094–1104]

§ 1094 (Inhalt)

(I) [*Subjektiv-persönliches Vorkaufsrecht*] Ein Grundstück [*und Miteigentumsanteil, § 1095, Wohnungseigentum, Erbbaurecht*] kann in der Weise belastet werden [*vgl. §§ 873 ff*], daß derjenige, zu dessen Gunsten die Belastung erfolgt, dem Eigentümer gegenüber zum Vorkaufe berechtigt ist. [*Das bedeutet, daß der Berechtigte die Möglichkeit hat, einen Kaufvertrag zwischen sich und dem verpflichteten Grundstückseigentümer zustandezubringen, sofern der Verpflichtete das belastete Grundstück an einen Dritten verkauft, §§ 1098 I 1, 504, 505 II. Es wirkt auch gegen Dritte, § 1098 II iVm § 888, der somit kein Eigentum erwirbt, wenn der Vorkaufsverpflichtete ihm, entgegen dem Vorkaufsrecht, das Grundstück übereignet. Es kann für eine beliebige Zahl von Vorkaufsfällen vereinbart werden, § 1097. Ein limitiertes Vorkaufsrecht zum festbestimmten Preis kann nicht vereinbart werden. Grund: § 505 II ist für dingliches Vorkaufsrecht zwingend, § 1098 II.*]

(II) [*Subjektiv-dingliches Vorkaufsrecht*] Das Vorkaufsrecht kann auch zugunsten des »jeweiligen« Eigentümers eines anderen [*des herrschenden*] Grundstücks bestellt werden [*gem. §§ 873 ff durch Einigung und Eintragung beim belasteten Grundstück*]. [*Übertragung: subjektiv-persönliches Vorkaufsrecht: §§ 1098 I 1, 514; subjektiv-dingliches Vorkaufsrecht: Nur Veräußerung des herrschenden Grundstücks, vgl. § 96. Erlöschen: §§ 158 II; 875 ff; 1104, 1098 I 1, 510 II.*]

§ 1095 (Miteigentumsanteil)

Ein Bruchteil eines Grundstücks kann mit dem Vorkaufsrecht nur belastet werden, wenn er in dem Anteil eines Miteigentümers [*vgl. §§ 1008 ff*] besteht.

§ 1096 (Zubehör)

(1) Das Vorkaufsrecht kann auf das Zubehör [*§§ 97, 98*] erstreckt werden, das mit dem Grundstücke verkauft [*vgl. §§ 314, 926*] wird. (2) Im Zweifel ist anzunehmen, daß sich das Vorkaufsrecht auf dieses Zubehör erstrecken soll.

§ 1097 (Begrenzung des Vorkaufsrechts)

Das Vorkaufsrecht beschränkt sich auf den Fall des Verkaufs [*§§ 433, 313; nicht §§ 515, 516, 706. Vgl. im übrigen § 1098 II iVm § 505 II*] durch den Eigentümer, welchem das Grundstück zur Zeit der Bestellung gehört, oder durch dessen Erben; es kann jedoch auch für mehrere oder für alle Verkaufsfälle bestellt werden [*Inhaltsänderung, §§ 877, 873*].

§ 1098 (Wirkung des Vorkaufsrechts)

(I 1) Das Rechtsverhältnis zwischen dem Berechtigten und dem Verpflichteten bestimmt sich [*zwingend*] nach den Vorschriften der §§ 504 bis 514. [*Zum Verbot des limitierten Vorkaufsrechts, vgl. § 1094.*] (2) Das Vorkaufsrecht kann [*abweichend von § 512*] auch dann ausgeübt werden, wenn das Grundstück von dem Konkursverwalter aus freier Hand verkauft wird.

(II) Dritten gegenüber hat das Vorkaufsrecht die Wirkung einer Vormerkung [*§§ 883 II, 888*] zur Sicherung des durch die Ausübung des Rechtes [*Abs. I 1 m. § 505 II*] entstehenden Anspruchs auf Übertragung des Eigentums [*aus § 433 I 1. Vgl. § 1094 mit Anm. Gegen Belastungen des Grundstücks ist der Berechtigte ab Eintritt des Vorkaufsfalles geschützt*].

(III) Steht ein nach § 1094 Abs. 1 begründetes Vorkaufsrecht einer juristischen Person zu, so gelten, wenn seine Übertragbarkeit nicht vereinbart ist, für die Übertragung des Rechts die Vorschriften der §§ 1059a bis 1059d entsprechend.

§ 1099 (Mitteilung)

(I) Gelangt das Grundstück in das Eigentum eines Dritten, so kann dieser in gleicher Weise wie der Verpflichtete dem Berechtigten den Inhalt des Kaufvertrags mit der im § 510 Abs. 2 bestimmten Wirkung mitteilen.

(II) Der Verpflichtete hat den neuen Eigentümer zu benachrichtigen, sobald die Ausübung des Vorkaufsrechts erfolgt oder ausgeschlossen ist.

§ 1100 (Rechte des Käufers)

([1]) Der neue Eigentümer kann, wenn er der Käufer [*in § 1098 II »Dritter« genannt*] oder ein Rechtsnachfolger des Käufers ist, die Zustimmung [*§§ 1098 II, 888 I*] zur Eintragung des Berechtigten als Eigentümer und die Herausgabe [*vgl. § 985*] des Grundstücks verweigern, bis ihm der zwischen dem Verpflichteten und dem Käufer vereinbarte Kaufpreis, soweit er berichtigt ist, erstattet wird. ([2]) Erlangt der Berechtigte die Eintragung als Eigentümer, so kann der bisherige Eigentümer von ihm die Erstattung des berichtigten Kaufpreises gegen Herausgabe des Grundstücks fordern.

§ 1101 (Befreiung des Berechtigten von der Zahlung des Kaufpreises)

Soweit der Berechtigte nach § 1100 dem Käufer oder dessen Rechtsnachfolger den Kaufpreis zu erstatten hat, wird er von der Verpflichtung zur Zahlung des aus dem Vorkaufe geschuldeten Kaufpreises frei.

§ 1102 (Befreiung des Käufers von der Zahlung des Kaufpreises)

Verliert der Käufer oder sein Rechtsnachfolger infolge der Geltendmachung des Vorkaufsrechts das Eigentum, so wird der Käufer, soweit der von ihm geschuldete Kaufpreis noch nicht berichtigt ist, von seiner Verpflichtung frei; den berichtigten Kaufpreis kann er nicht zurückfordern.

§ 1103 (Umwandlungsverbot)

(I) Ein zugunsten des jeweiligen Eigentümers eines Grundstücks bestehendes [*subjektiv-dingliches*] Vorkaufsrecht [*vgl. § 1094 II*] kann nicht [*Grund: § 96*] von dem Eigentum an diesem Grundstücke getrennt werden.

(II) Ein zugunsten einer bestimmten Person bestehendes Vorkaufsrecht [*§ 1094 I*] kann nicht mit dem Eigentum an einem Grundstücke verbunden werden.

§ 1104 (Ausschluß unbekannter Berechtigter)

(I[1]) Ist der Berechtigte unbekannt, so kann er im Wege des Aufgebotsverfahrens [*§§ 988, 1024 I ZPO*] mit seinem Rechte ausgeschlossen werden, wenn die im § 1170 für die Ausschließung eines Hypothekengläubigers bestimmten Voraussetzungen vorliegen. ([2]) Mit der Erlassung des Ausschlußurteils erlischt das Vorkaufsrecht.

(II) Auf ein Vorkaufsrecht, das zugunsten des jeweiligen Eigentümers eines Grundstücks besteht, finden diese Vorschriften keine Anwendung.

Siebenter Abschnitt
Reallasten
[§§ 1105–1112]

§ 1105 (Inhalt)

(I) Ein Grundstück [*und Miteigentumsanteil, § 1106*] kann in der Weise belastet [*§§ 873 ff*] werden, daß an denjenigen [*natürliche oder juristische Person. Subjektiv-persönliche Reallast*], zu dessen Gunsten die Belastung erfolgt, wiederkehrende [*Geld, Sach- oder Dienst-*]Leistungen [*nicht Unterlassen einer Handlung. So nur: §§ 1018, 1019*] »aus dem Grundstücke« [*§§ 1107, 1147 und aus dem persönlichen Vermögen des Eigentümers, § 1108*] zu entrichten sind (Reallast). [*Übertragung: §§ 1110, 1111. Erlöschen: z. B. §§ 875 f, 1112.*]

(II) Die Reallast kann auch zugunsten des jeweiligen Eigentümers eines anderen Grundstücks bestellt werden.

§ 1106 (Belastung eines Bruchteils)

Ein Bruchteil eines Grundstücks kann mit einer Reallast [*§ 1105*] nur belastet [*§ 873*] werden, wenn er in dem Anteil eines Miteigentümers [*§§ 1008 ff*] besteht.

§ 1107 (Der Anspruch auf die Einzelleistung)

Auf die einzelnen Leistungen [*der dingliche Anspruch aus dem Stammrecht, vgl. § 1105*] finden die für die Zinsen einer Hypothekenforderung geltenden Vorschriften [*z. B. §§ 1120–1135, 1147, 1158, 1159, 1164, 1173 II, 1174, 1182, ferner §§ 197, 201 – Verjährung der einzelnen Leistungen –, § 289. ZwV: §§ 857, 830, 837 ZPO*] entsprechende Anwendung.

§ 1108 (Persönliche Haftung)

(I) Der Eigentümer haftet [*in der ZwV außer mit dem Grundstück*] für die während der Dauer seines Eigentums fällig werdenden Leistungen [*vgl. § 1107*] auch persönlich [*mit seinem gesamten Vermögen*], soweit nicht ein anderes [*vertraglich*] bestimmt ist [*z. B. nur Grundstückshaftung*].

(II) Wird das Grundstück geteilt, so haften die Eigentümer der einzelnen Teile als Gesamtschuldner [*vgl. §§ 421 ff*].

§ 1109 (Subjektiv-dingliche Reallast; Teilung des Grundstücks)

(I[1]) Wird das Grundstück des Berechtigten [*gilt nur für § 1105 II: subjektiv-dingliche Reallasten*] geteilt, so besteht die Reallast für die einzelnen Teile fort. ([2]) Ist die Leistung teilbar, so bestimmen sich die Anteile der Eigentümer nach dem Verhältnisse der Größe der Teile; ist sie nicht teilbar, so finden die Vorschriften des § 432 Anwendung. ([3]) Die Ausübung des Rechtes ist im Zweifel nur in der Weise zulässig, daß sie für den Eigentümer des belasteten Grundstücks nicht beschwerlicher wird.

(II[1]) Der Berechtigte kann bestimmen, daß das Recht nur mit einem der Teile verbunden sein soll. ([2]) Die Bestimmung hat dem Grundbuchamte gegenüber zu erfolgen und bedarf der Eintragung in das Grundbuch; die Vorschriften der §§ 876, 878 finden entsprechende Anwendung. ([3]) Veräußert der Berechtigte einen Teil des Grundstücks, ohne eine solche Bestimmung zu treffen, so bleibt das Recht mit dem Teile verbunden, den er behält.

(III) Gereicht die Reallast nur einem der Teile zum Vorteile, so bleibt sie mit diesem Teile allein verbunden.

§ 1110 (Übertragung der subjektiv-dinglichen Reallast)

Eine zugunsten des jeweiligen Eigentümers eines Grundstücks bestehende Reallast [*§ 1105 II: subjektiv-dingliche Reallast*] kann nicht [*Grund: § 96*] von dem Eigentum an diesem Grundstücke getrennt werden [*vgl. § 1103*].

§ 1111 (Übertragung der subjektiv-persönlichen Reallast)

(I) Eine zugunsten einer bestimmten Person bestehende Reallast [*§ 1105 I: subjektiv-persönliche Reallast*] kann nicht mit dem Eigentum an einem Grundstücke verbunden werden.

(II) Ist der [*dingliche*] Anspruch auf die einzelne Leistung [*§§ 1107–1108*] nicht übertragbar [*vgl. §§ 399, 400, 413*], so kann das [*Stamm-*]Recht [*§ 1105*] nicht veräußert oder belastet werden. [*Mit dieser Einschränkung ist die Reallast also grundsätzlich übertragbar, verpfändbar und pfändbar.*]

§ 1112 (Aufgebot unbekannter Berechtigter)

Ist der Berechtigte unbekannt, so finden auf die Ausschließung seines Rechtes die Vorschriften des § 1104 entsprechende Anwendung.

Achter Abschnitt
Hypothek
[§§ 1113–1190]
Grundschuld
[§§ 1191–1198]
Rentenschuld
[§§ 1199–1203; sog. Grundpfandrechte]

Erster Titel
Hypothek
[§§ 1113–1190]

[Arten der Hypothek: Verkehrshypothek, §§ 1113–1183, Sicherungshypothek, §§ 1184–1190, Buch- und Briefhypothek, § 1116, und Höchstbetragshypothek, § 1190]

§ 1113 (Inhalt der Hypothek)

(I) Ein Grundstück [*Miteigentumsanteil, § 1114; Erbbaurecht, § 11 ErbbauVO*] kann in der Weise belastet werden [*vgl. §§ 873; 1117*], daß an denjenigen, zu dessen Gunsten die Belastung erfolgt [*Hypothekengläubiger, der immer zugleich Gläubiger der persönlichen Forderung sein muß*], eine bestimmte Geldsumme zur Befriedigung [*§ 1147; vgl. auch § 1142*] wegen einer ihm zustehenden [*vertraglichen oder gesetzlichen, z. B. § 812, oder öffentlich-rechtlichen Geld-*]Forderung [*die auf einen bestimmten Betrag lauten muß. Ausnahme: § 1190*] aus dem Grundstücke [*vgl. §§ 1120ff*] zu zahlen ist (Hypothek).

(II) Die Hypothek kann auch für eine künftige [*z. Zt. – noch – nicht bestehende*] oder eine bedingte [*§§ 158ff*] Forderung bestellt werden. [*Bis zur Forderungsentstehung besteht eine Eigentümergrundschuld, §§ 1163 I 1, 1177 I.*]

§ 1114 (Hypothek am Bruchteil)

Ein Bruchteil eines Grundstücks kann mit einer Hypothek [*§ 1113*] nur belastet werden, wenn er in dem Anteil eines Miteigentümers [*§§ 1008f*] besteht. [*Werden alle Bruchteile zur Sicherung einer Forderung belastet, so entsteht eine Gesamthypothek, § 1132. § 1114 gilt nicht für Gesamthandsgemeinschaften, also keine Hypothek am Anteil eines Miterben, Gesellschafters, Ehegatten am Nachlaß-, Gesellschafts-, gütergemeinschaftlichen Grundstück.*]

§ 1115 (Inhalt der Eintragung)

(I) Bei der Eintragung der Hypothek [*§ 873*] müssen [*ohne Bezugnahme auf die Eintragungsbewilligung, § 874*] der Gläubiger, der Geldbetrag der Forderung und, wenn die Forderung verzinslich ist, der Zinssatz, wenn andere Nebenleistungen zu entrichten sind, ihr Geldbetrag im Grundbuch [*selbst*] angegeben werden; im übrigen kann zur Bezeichnung der Forderung auf die Eintragungsbewilligung [*§§ 19, 29 GBO*] Bezug genommen werden [*§ 874*].

(II) Bei der Eintragung der Hypothek für ein Darlehen einer Kreditanstalt, deren Satzung von der zuständigen Behörde öffentlich bekannt gemacht worden ist, genügt zur Bezeichnung der außer den Zinsen satzungsgemäß zu entrichtenden Nebenleistungen die Bezugnahme auf die Satzung.

§ 1116 (Brief- und Buchhypothek)

(I) Über die [*Verkehrs-*]Hypothek wird [*in der Regel*] ein Hypothekenbrief [*Inhalt: §§ 56–59 GBO. Eigentum: § 952 II. Bedeutung: §§ 1117, 1163 II; 1154f; 1160, 1161; 1140 etc.*] erteilt. [*Grundsatz: Verkehrshypothek ist in der Regel Briefhypothek. Ausnahme: Abs. II, ferner § 1185.*]

(II[1]) Die Erteilung des Briefes kann [*bei der Hypothekenbestellung oder nachträglich, S 2*] ausgeschlossen werden [*d. h. eine Verkehrshypothek entsteht als Buchhypothek nur, wenn Ausschließung der Erteilung des Hypothekenbriefes vereinbart und eingetragen ist*]. ([2]) Die Ausschließung kann auch nachträglich erfolgen. ([3]) Zu der Ausschließung ist die Einigung [*§ 873*] des Gläubigers und des Eigentümers sowie die Eintragung in das Grundbuch [*d. h. keine Bezugnahme nach § 874!*] erforderlich; die Vorschriften des § 873 Abs. 2 [*Bindung an die Einigung*] und der §§ 876

[*Zustimmung Dritter*], 878 [*Einfluß nachträglicher Verfügungsbeschränkungen*] finden entsprechende Anwendung.

(III) Die Ausschließung [*Abs. II*] der Erteilung des Briefes kann aufgehoben werden [*Folge: Briefhypothek, Abs. I; beachte: §§ 1163 II, 1117, § 60 GBO*]; die Aufhebung erfolgt in gleicher Weise [*d. h. durch Einigung und Eintragung, Abs. II 2, 3*] wie die Ausschließung.

§ 1117 (Erwerb der Briefhypothek)

(I[1]) Der Gläubiger erwirbt, sofern nicht die Erteilung des Hypothekenbriefs ausgeschlossen ist [*vgl. § 1116 II*], die [*Brief-*]Hypothek erst, wenn [*die übrigen Erwerbsvoraussetzungen vorliegen, also Einigung, Eintragung und Bestehen der gesicherten Forderung, §§ 1163 I 1, 1177 I 1, und*] ihm der Brief von dem Eigentümer des Grundstücks [*körperlich*] übergeben wird [*oder die Übergabe nach Maßgabe des S 2 und Abs. II ersetzt wird. Bis zur Briefübergabe steht die Hypothek dem Eigentümer als Eigentümergrundschuld, §§ 1163, II, 1177 I, zu. Bei der Buchhypothek schützt § 1139*]. ([2]) Auf [*den Ersatz der körperlichen Übergabe, somit auf*] die Übergabe finden die Vorschriften des § 929 Satz 2 und der §§ 930, 931 Anwendung.

(II) [*Aushändigungsabrede*] Die Übergabe des Briefes kann durch die [*formfreie*] Vereinbarung [*zwischen Eigentümer und Gläubiger*] ersetzt werden, daß [*an Stelle des Eigentümers, § 60 I GBO*] der Gläubiger berechtigt sein soll, sich den Brief von dem Grundbuchamt aushändigen zu lassen. [*Wirkung: der Gläubiger erwirbt deshalb, sofern die sonstigen Voraussetzungen bereits vorliegen, die Hypothek nur aufgrund dieser Aushändigungsabrede. Sobald das Grundbuchamt den Brief hergestellt hat, ist für den Erwerb die Übergabe des Briefs, vgl. dazu §§ 60 II, 29 GBO, nicht mehr erforderlich.*]

(III) Ist der Gläubiger im Besitze des Briefes, so wird vermutet [*vgl. § 292 ZPO*], daß die Übergabe erfolgt sei.

§ 1118 (Haftung des Grundstücks für gesetzliche Zinsen und Kosten)

Kraft der Hypothek haftet [*§ 1147*] das Grundstück [*ohne daß es einer Eintragung in das Grundbuch bedarf*] auch für die gesetzlichen Zinsen [*ins. gemäß §§ 288 I, 291; für vereinbarte Zinsen § 1115*] der Forderung sowie für die Kosten der Kündigung [*vgl. § 1141 und § 1185 II*] und der die Befriedigung aus dem Grundstücke bezwekkenden Rechtsverfolgung. [*Das sind Kosten der dinglichen Hypothekenklage, § 1147, der Zwangsversteigerung und der Zwangsverwaltung.*]

§ 1119 (Änderung von Nebenbedingungen)

(I) Ist die Forderung unverzinslich oder ist der Zinssatz niedriger als fünf vom Hundert, so kann die Hypothek ohne Zustimmung [*Ausnahme von § 880*] der im Range gleich- oder nachstehenden Berechtigten dahin erweitert werden [*Inhaltsänderung, §§ 873, 877*], daß das Grundstück für Zinsen bis zu fünf vom Hundert haftet.

(II) Zu einer Änderung der Zahlungszeit und des Zahlungsorts ist die Zustimmung dieser Berechtigten gleichfalls nicht erforderlich.

[Vorbemerkung zu §§ 1120–1130]

[Die §§ 1120–1130 regeln die Frage des Haftungsumfangs der Hypothek. Im einzelnen erstreckt sich die Haftung auf das Grundstück selbst, § 1113, Bestandteile und Erzeugnisse vor und auch nach der Trennung, sowie auf Zubehör, § 1120, Miet- und Pachtzinsforderungen, § 1123 I, wiederkehrende Leistungen, § 1126, Versicherungsforderungen iSd §§ 1127, 1128. Diese Haftung wirkt aber nur potentiell bis zur Realisierung durch Beschlagnahme, die nach § 1147, §§ 866, 869 ZPO, §§ 20, 23 ZVG nur in der Form der Zwangsversteigerung oder Zwangsverwaltung erfolgen kann. Bis zur Beschlagnahme ist der Eigentümer nicht verfügungsbeschränkt. Er kann jederzeit durch freie Veräußerung unter den Voraussetzungen der §§ 1121, 1122, 1123 II, eine Enthaftung herbeiführen. Erst nach erfolgter Beschlagnahme ist der Eigentümer verfügungsbeschränkt, § 23 ZVG m. §§ 136, 135 I. Gutgläubige Erwerber können aber lastenfreies Eigentum erwerben nach §§ 136, 135 II, 936.]

§ 1120 (Haftung von Bestandteilen, Erzeugnissen und Zubehör)

Die [*potentielle*] Hypothek[*enhaftung*] erstreckt sich [*auch nach der Trennung*] auf die von dem Grundstücke getrennten Erzeugnisse [*§ 99*] und sonstigen Bestandteile [*§§ 93–95*], soweit sie [*jetzt gemäß § 953 in das Eigentum des Grundstückseigentümers oder nach § 955 des Eigenbesitzers gelangt sind, also*] nicht mit der Trennung nach den §§ 954 bis 957 in das Eigentum eines anderen [*ins. des Pächters nach § 956*] als des Eigentümers oder des Eigenbesitzers des Grundstücks gelangt sind [*und keine Enthaftung nach §§ 1121, 1122 I eingetreten ist*], sowie auf das Zubehör [*§§ 97, 98*] des Grundstücks [*die im Eigentum oder Anwartschaftsrecht des Grundstückseigentümers stehen, also*] mit Ausnahme der Zubehörstücke, welche nicht in das Eigentum des Eigentümers des Grundstücks gelangt sind [*und keine Enthaftung nach §§ 1121, 1122 II eingetreten ist. ZwV von dritter Seite in das Zubehör ist stets unzulässig, § 865 II 1 ZPO*].

§ 1121 (Enthaftung durch Veräußerung und Entfernung)

(I) Erzeugnisse [*§ 99*] und sonstige Bestandteile [*§§ 93–95*] des Grundstücks sowie Zubehörstücke [*§§ 97, 98*] werden von der [*potentiellen Hypotheken-*]Haftung [*nach § 1120*] frei, wenn sie veräußert [*Eigentumsübertragung; str. bei §§ 1204 ff, 1032. Enthaftung ohne Veräußerung: § 1122 I*] und [*!*] von dem Grundstück [*auf Dauer*] entfernt werden, bevor sie zugunsten des Gläubigers in Beschlag genommen worden sind. [*§§ 20, 23, 148 ZVG. Abs. I gilt auch für die Kette: Entfernung-Veräußerung-Beschlagnahme.*]

(II[1]) Erfolgt [*nach der Beschlagnahme*] die Veräußerung [*aber*] vor der Entfernung [*gilt auch für Kette: Veräußerung-Beschlagnahme-Entfernung*], so [*erwirbt der Gutgläubige nicht schon deshalb haftungsfreies Eigentum nach § 936, weil er bzgl. des Nichtbestehens der Hypothek in gutem Glauben war, denn es*] kann sich der Erwerber dem Gläubiger gegenüber nicht darauf berufen, daß er in Ansehung der Hypothek in gutem Glauben [*nach § 936*] gewesen sei. ([2]) [*Erfolgt nach der Beschlagnahme die Veräußerung und*] Entfernt der Erwerber die [*beschlagnahmte*] Sache von dem Grundstücke, so ist [*die beschlagnahmte Sache grds. haftungsfrei erworben, da*] eine vor der Entfernung erfolgte Beschlagnahme ihm gegenüber nur [*dann*] wirksam [*ist*], wenn er bei der Entfernung in Ansehung der Beschlagnahme nicht in gutem Glauben ist. [*Subj. Maßstab: § 932 II. Bösgläubigkeit kraft Gesetzes: §§ 23 II 1, 2, 146 I ZVG. Abs. II S 2 gilt auch für Kette: Veräußerung-Beschlagnahme-Entfernung. Die allgemeinen Vorschriften der §§ 136, 135 II, 936 gelten für die Ketten: Beschlagnahme-Entfernung-Veräußerung; Entfernung-Beschlagnahme-Veräußerung. Böser Glaube hinsichtlich Beschlagnahme schadet; §§ 23 II 1, 2, 146 I ZVG gelten.*]

§ 1122 (Enthaftung ohne Veräußerung)

(I) Sind die Erzeugnisse [*§ 99*] oder Bestandteile [*§§ 93–95*] »innerhalb der Grenzen einer ordnungsmäßigen Wirtschaft« [*sonst nur: § 1121*] von dem Grundstücke getrennt worden, so erlischt ihre [*potentielle Hypotheken-*]Haftung [*nach § 1120*] auch ohne Veräußerung [*iSd § 1121 I*], wenn sie vor [*!*] der Beschlagnahme [*gem. §§ 20ff, 148 ZVG*] von dem Grundstück entfernt werden [*nach der Beschlagnahme nur: §§ 1121 II oder 136, 135 II, 936*], es sei denn, daß die Entfernung [*nur*] zu einem vorübergehenden Zwecke erfolgt [*dann nur noch § 1121 I*].

(II) Zubehörstücke [*§§ 97, 98*] werden [*auch*] ohne Veräußerung [*und Entfernung*] von der Haftung [*nach § 1120*] frei, wenn die Zubehöreigenschaft »innerhalb der Grenzen einer ordnungsmäßigen Wirtschaft« [*sonst nur: § 1121 I*] vor [*!*] der Beschlagnahme [*nachher: § 1121 II*] aufgehoben wird [*z. B. Stillegung alter Maschinen*].

§ 1123 (Haftung der Miet- und Pachtzinsen)

(I) Ist das Grundstück [*vom Eigentümer*] vermietet oder verpachtet, so erstreckt sich die Hypothek [*§ 1147. Verwirklichung durch Beschlagnahme: § 148 I 1 iVm § 21 II ZVG bzw. § 829 ZPO*] auf die Miet- oder Pachtzins»forderung [*!*]« [*nicht auf bereits gezahlten Zins; Enthaftung: Abs. II und § 1124. Bei ZwV Dritter: § 771 ZPO; aA: § 805 ZPO*].

(II[1]) Soweit die Forderung fällig ist, wird sie mit dem Ablauf eines Jahres nach dem Eintritte der Fälligkeit von der Haftung frei, wenn nicht vorher die Beschlagnahme zugunsten des Hypothekengläubigers erfolgt. ([2]) Ist der Miet- oder Pachtzins im voraus zu entrichten, so erstreckt sich die Befreiung nicht auf den Miet- oder Pachtzins für eine spätere Zeit als den zur Zeit der Beschlagnahme laufenden Kalendermonat; erfolgt die Beschlagnahme nach dem fünfzehnten Tage des Monats, so erstreckt sich die Befreiung auch auf den Miet- oder Pachtzins für den folgenden Kalendermonat.

§ 1124 (Enthaftung durch Vorausverfügung über Miet- und Pachtzins)

(I[1]) Wird der Miet- oder Pachtzins eingezogen, bevor er zugunsten des Hypothekengläubigers in Beschlag genommen worden ist, oder wird vor der Beschlagnahme in anderer Weise über ihn verfügt, so ist die Verfügung dem Hypothekengläubiger gegenüber wirksam. ([2]) Besteht die Verfügung in der Übertragung der Forderung auf einen Dritten, so erlischt die Haftung der Forderung; erlangt ein Dritter ein Recht an der Forderung, so geht es der Hypothek im Range vor.

(II) Die Verfügung ist dem Hypothekengläubiger gegenüber unwirksam, soweit sie sich auf den Miet- oder Pachtzins für eine spätere Zeit als den zur Zeit der Beschlagnahme laufenden Kalendermonat bezieht; erfolgt die Beschlagnahme nach dem fünfzehnten Tage des Monats, so ist die Verfügung jedoch insoweit wirksam, als sie sich auf den Miet- oder Pachtzins für den folgenden Kalendermonat bezieht.

(III) Der Übertragung der Forderung auf einen Dritten steht es gleich, wenn das Grundstück ohne die Forderung veräußert wird.

§ 1125 (Aufrechnung des Mieters oder Pächters gegenüber Hypothekengläubiger)

Soweit die Einziehung des Miet- oder Pachtzinses dem Hypothekengläubiger gegenüber unwirksam ist [*nach § 1124 II*], kann der Mieter oder der Pächter nicht eine ihm gegen den Vermieter oder den Verpächter zustehende Forderung gegen den Hypothekengläubiger aufrechnen.

§ 1126 (Haftung wiederkehrender Leistungen)

(¹) Ist mit dem Eigentum an dem Grundstück ein Recht auf wiederkehrende Leistungen verbunden [*vgl. §§ 96, 1105 ff, 913*], so erstreckt sich die Hypothek auf die Ansprüche auf diese Leistungen. (²) Die Vorschriften des § 1123 Abs. 2 Satz 1, des § 1124 Abs. 1, 3 und des § 1125 finden entsprechende Anwendung. (³) Eine vor der Beschlagnahme erfolgte Verfügung über den Anspruch auf eine Leistung, die erst drei Monate nach der Beschlagnahme fällig wird, ist dem Hypothekengläubiger gegenüber unwirksam.

§ 1127 (Haftung der Versicherungsforderungen)

(I) Sind Gegenstände, die der Hypothek unterliegen [*§§ 1120–1126*], für den Eigentümer oder den Eigenbesitzer des Grundstücks unter Versicherung gebracht, so erstreckt sich die Hypothek auf die Forderung gegen den Versicherer.

(II) Die Haftung der Forderung gegen den Versicherer erlischt, wenn der versicherte Gegenstand wiederhergestellt oder Ersatz für ihn beschafft ist.

§ 1128 (Gebäudeversicherung)

(I¹) Ist ein Gebäude versichert, so kann der Versicherer die Versicherungssumme mit Wirkung gegen den Hypothekengläubiger an den Versicherten erst zahlen, wenn er oder der Versicherte den Eintritt des Schadens dem Hypothekengläubiger angezeigt hat und seit dem Empfange der Anzeige ein Monat verstrichen ist. (²) Der Hypothekengläubiger kann bis zum Ablaufe der Frist dem Versicherer gegenüber der Zahlung widersprechen. (³) Die Anzeige darf unterbleiben, wenn sie untunlich ist; in diesem Falle wird der Monat von dem Zeitpunkt an berechnet, in welchem die Versicherungssumme fällig wird.

(II) Hat der Hypothekengläubiger seine Hypothek dem Versicherer angemeldet, so kann der Versicherer mit Wirkung gegen den Hypothekengläubiger an den Versicherten nur zahlen, wenn der Hypothekengläubiger der Zahlung schriftlich zugestimmt hat.

(III) Im übrigen finden die für eine verpfändete Forderung geltenden Vorschriften [*§§ 1279ff., ins. §§ 1281, 1282*] Anwendung; der Versicherer kann sich jedoch nicht darauf berufen, daß er eine aus dem Grundbuch ersichtliche Hypothek nicht gekannt habe.

§ 1129 (Andere Versicherungsforderungen)

Ist ein anderer Gegenstand als ein Gebäude versichert, so bestimmt sich die Haftung der Forderung gegen den Versicherer nach den Vorschriften des § 1123 Abs. 2 Satz 1 und des § 1124 Abs. 1, 3 [*d.h. es ist Beschlagnahme nötig; bis dahin freie Verfügung möglich*].

§ 1130 (Wiederherstellungsklausel)

Ist der Versicherer nach den Versicherungsbestimmungen nur verpflichtet, die Versicherungssumme zur Wiederherstellung des versicherten Gegenstandes zu zahlen, so ist eine diesen Bestimmungen entsprechende Zahlung an den Versicherten dem Hypothekengläubiger gegenüber wirksam.

§ 1131 (Haftung zugeschriebener Grundstücke)

([1]) Wird ein Grundstück nach § 890 Abs. 2 einem anderen [*Haupt-*]Grundstück im Grundbuche zugeschrieben, so erstrecken sich die an diesem Grundstücke bestehenden Hypotheken auf das zugeschriebene Grundstück. ([2]) Rechte, mit denen das zugeschriebene Grundstück belastet ist, gehen diesen Hypotheken im Range vor.

§ 1132 (Gesamthypothek; Wirkung)

(I[1]) Besteht für die [*gleiche!*] Forderung eine [*einzige, gleichartige*] Hypothek an mehreren Grundstücken [*oder Miteigentumsanteilen, § 1114*] (Gesamthypothek) [*weitere Vorschriften: §§ 1143 II, 1172–1176, 1181 II*], so haftet [*§ 1147*] jedes Grundstück für die ganze Forderung. ([2]) Der Gläubiger kann die Befriedigung nach seinem Belieben aus jedem der Grundstücke ganz oder zu einem Teile suchen [*oder Abs. II 2*].

(II[1]) Der Gläubiger ist berechtigt, [*um die Gesamthypothek in Einzelhypotheken umzuwandeln*] den Betrag der Forderung auf die einzelnen Grundstücke in der Weise zu verteilen, daß jedes Grundstück nur für den zugeteilten Betrag haftet [*Folge: Einzelhypotheken, bei denen jedes Grundstück nur für den zugewiesenen Teilbetrag haftet*]. ([2]) Auf die Verteilung finden die Vorschriften der §§ 875 [*Erklärung und Eintragung der Verteilung*], 876, 878 entsprechende Anwendung.

§ 1133 (Verschlechterung des Grundstücks)

([1]) Ist infolge einer [*bereits eingetretenen*] Verschlechterung des Grundstücks [*oder von Zubehörstücken, vgl. § 1135*] die Sicherheit der Hypothek gefährdet, so kann der Gläubiger dem Eigentümer eine angemessene Frist zur Beseitigung der Gefährdung bestimmen. ([2]) Nach dem Ablaufe der Frist ist der Gläubiger berechtigt, sofort Befriedigung aus dem Grundstücke [*vgl. § 1147*] zu suchen, wenn nicht die Gefährdung durch Verbesserung des Grundstücks oder durch anderweitige Hypothekenbestellung beseitigt worden ist. (³) Ist die Forderung unverzinslich und noch nicht fällig, so gebührt dem Gläubiger nur die Summe, welche mit Hinzurechnung der gesetzlichen Zinsen [*§ 246*] für die Zeit von der Zahlung bis zur Fälligkeit dem Betrage der Forderung gleichkommt [*anders: § 272*]. [*Bei Verschulden hat der Gläubiger u. U. Anspruch auf Schadensersatz aus § 823 I, Hypothek als sonstiges Recht, aus § 823 II, – § 1133 ebenso § 1134 sind Schutzgesetze –, und aus § 826.*]

§ 1134 (Drohende Verschlechterung)

(I) Wirkt der Eigentümer oder ein Dritter [*mit oder ohne Verschulden*] auf das Grundstück in solcher Weise ein, daß eine die Sicherheit der Hypothek gefährdende Verschlechterung des Grundstücks [*vgl. auch § 1135, für die Zukunft*] zu besorgen ist, so kann der Gläubiger auf Unterlassung klagen. [*ZwV: § 890 ZPO. Auch einstweilige Verfügung, §§ 935ff ZPO, ist zulässig.*]

(II¹) Geht die Einwirkung von dem Eigentümer aus, so hat das Gericht auf Antrag des Gläubigers die zur Abwendung der Gefährdung erforderlichen Maßregeln anzuordnen. (²) Das gleiche gilt, wenn die Verschlechterung deshalb zu besorgen ist, weil der Eigentümer die erforderlichen Vorkehrungen gegen Einwirkungen Dritter oder gegen andere Beschädigungen unterläßt.

§ 1135 (Verschlechterung oder Entfernung von Zubehör)

Einer Verschlechterung des Grundstücks im Sinne der §§ 1133, 1134 steht es gleich, wenn Zubehörstücke [*§§ 97, 98*], auf die sich die Hypothek [*gemäß §§ 1120–1122*] erstreckt, verschlechtert oder den Regeln einer ordnungsmäßigen Wirtschaft zuwider von dem Grundstück entfernt werden.

§ 1136 (Nichtigkeit eines Veräußerungsverbots)

Eine [*schuldrechtliche*] Vereinbarung [*im Zusammenhang mit der Hypothekenbestellung!*], durch die sich der Eigentümer dem Gläubiger gegenüber verpflichtet, das Grundstück nicht zu veräußern oder nicht weiter zu belasten, ist nichtig [*Erweiterung des § 137 S 2*].

§ 1137 (Einreden gegen die dingliche Hypothekenklage)

(I¹) Der Eigentümer [*gleichgültig, ob zugleich persönlicher Schuldner oder nicht, vgl. aber Abs. II*] kann gegen die [*dingliche*] Hypothek[*-enklage, § 1147, auch*] die dem persönlichen Schuldner gegen die Forderung [*z. B. §§ 273, 320, 478, 821, 853; nicht: §§ 223, Verjährung, 1975ff, beschränkte Erbenhaftung, vgl. S 2, § 193 S 2 KO, § 82 II 1 VerglO*] sowie die nach § 770 einem Bürgen zustehenden Einreden [*der Schuldner könne dem Hypothekar gegenüber aufrechnen oder anfechten, vgl. Abs. II*] geltend machen [*Einschränkung in § 1138 2. Alt bei Übertragung der Hypothek*]. (²) Stirbt der persönliche Schuldner, so kann sich der Eigentümer nicht darauf berufen, daß der Erbe für die Schuld nur beschränkt haftet [*§§ 1975f ins. §§ 1989, 1990*].

(II) Ist der Eigentümer nicht der persönliche Schuldner, so verliert er eine Einrede nicht dadurch, daß dieser [*der Schuldner*] auf sie verzichtet. [*Verzichtet der Schuldner auf sein Anfechtungs- oder Aufrechnungsrecht, § 770, so verliert der Eigentümer diese Einrede; allg. M.*]

§ 1138 (Erwerb bei Nichtbestehen der Forderung)

Die Vorschriften der §§ 891 bis 899 gelten für die [*Verkehrs-*]Hypothek [*nicht: Sicherungshypothek, § 1185 II*] auch in Ansehung [*1. Alt*] der [*u. U. nicht bestehenden*] Forderung [*z. B. aus § 607 I. Dies bedeutet ins.: besteht bei der Übertragung, § 1154, einer Hypothek durch einen eingetragenen oder gem. § 1155 ausgewiesenen Scheinhypothekar die Forderung nicht, so erwirbt der Gutgläubige eine Hypothek ohne Forderung, also eine Grundschuld*] und [*2. Alt*] der dem Eigentümer nach § 1137 zustehenden Einreden. [*Dies bedeutet: Einreden iSd § 1137 können im Grundbuch oder auf dem Hypothekenbrief, § 1140, eingetragen werden. Die Vermutung des § 891 gilt für diese Einrede; anders dagegen § 1157 S 2. Nicht eingetragene Einreden erlöschen, wenn dem Erwerber die Existenz der Einrede nicht positiv bekannt ist, § 892; ebenso § 1157 S 2. Einreden iSd § 1137 können also für die Hypothek, nicht für die persönliche Forderung, § 404, gutgläubig »wegerworben« werden. Nicht eingetragene Einreden können durch Widerspruch, § 899, gesichert werden. Ebenso § 1157 S 2. Das Grundbuch ist unrichtig, wenn die Einreden oder die Forderung nicht oder nicht richtig eingetragen sind. Nach §§ 894–898 kann der Eigentümer oder Gläubiger die Eintragung der Einreden und der Forderung verlangen. Gutgläubiger Erwerb: unmittelbar nach § 892, wenn gesicherte Forderung besteht.*]

§ 1139 (Widerspruch bei nichtvalutierter Darlehensbuchhypothek)

(1) [*Erleichterte Eintragungsvoraussetzungen:*] Ist bei der Bestellung einer [*Buch-*]Hypothek [*vgl. § 1116 II. § 1139 gilt nicht für die Sicherungshypothek, vgl. § 1185 II*] für ein Darlehen [*§§ 607ff*] die Erteilung des Hypothekenbriefs ausgeschlossen worden [*und hat der Grundstückseigentümer die Buchhypothek vor Empfang der Summe eintragen lassen. Folge: sie steht ihm als Eigentümergrundschuld zu, §§ 1163 I 1, 1177 I*], so genügt [*abweichend von § 899 II*] zur Eintragung eines Widerspruchs [*§ 899*], der sich darauf gründet, daß [*der Hypothekar als Berechtigter eingetragen ist, obwohl*] die Hingabe des Darlehens unterblieben sei, der von dem Eigentümer an das Grundbuchamt gerichtete Antrag [*§ 13 GBO in der Form des § 29 GBO*], sofern er vor dem Ablauf eines Monats nach der Eintragung der Hypothek gestellt wird. [*Bei Antragsstellung nach Ablauf eines Monats kann ein Widerspruch nur unter den Vorschriften des § 899 II eingetragen werden.*] (2) [*Rückwirkung des Widerspruchs:*] Wird der Widerspruch innerhalb des [*einen*] Monats [*nach der Eintragung der Hypothek*] eingetragen, so hat die Eintragung die gleiche Wirkung [*des Ausschlußes gutgläubigen Erwerbs nach § 1138*], wie wenn der Widerspruch zugleich mit der Hypothek eingetragen worden wäre [*d.h. gutgläubiger Erwerb ist rückwirkend ausgeschlossen. Wird der Widerspruch erst nach Ablauf eines Monats eingetragen, so wirkt er erst von dem Zeitpunkt seiner Eintragung an. Zwischenzeitlich ist gutgläubiger Erwerb möglich. Bei der nichtvalutierten Briefhypothek schützen die §§ 1117, 1163 II*].

§ 1140 (Hypothekenbrief und öffentlicher Glaube des Grundbuchs)

([1]) Soweit [*bei der ersten Übertragung einer nicht bestehenden Briefhypothek*] die Unrichtigkeit des Grundbuchs aus dem Hypothekenbrief oder einem Vermerk auf dem Briefe [*z. B. Teilrückzahlungsvermerk, §§ 1145 I, 1150, 1167*] hervorgeht, ist die Berufung auf die Vorschriften der §§ 892, 893 ausgeschlossen. [*Der richtige Brief zerstört also den Rechtsschein des Grundbuchs und schließt die Möglichkeit gutgläubigen – einredefreien, §§ 1138 2. Alt, 892 – Erwerbs, §§ 1138 1. Alt, 892, aus.*] ([2]) Ein Widerspruch [*§ 899*] gegen die Richtigkeit des Grundbuchs, der aus dem Briefe oder einem Vermerk auf dem Briefe hervorgeht, steht einem im Grundbuch eingetragenen Widerspruche gleich. [*Der unrichtige Brief genießt aber seinerseits bei der ersten Übertragung keinen öffentlichen Glauben. Gutgläubiger Erwerb, § 892, aufgrund des unrichtigen Briefs gegen das richtige Grundbuch ist nicht möglich. Ab der zweiten Übertragung einer Briefhypothek ist Erwerb vom legitimiertem Briefbesitzer möglich, § 1155, da sich der Erwerbsvorgang außerhalb des Grundbuchs vollzieht. Auf § 891 ist nicht verwiesen. Die Vermutung für die Richtigkeit des Grundbuchs gilt auch bei einem Widerspruch mit dem Brief.*]

§ 1141 (Kündigung der Hypothek)

(I[1]) Hängt die Fälligkeit der [*persönlichen*] Forderung von einer Kündigung [*durch oder an den persönlichen Schuldner, der nicht zugleich Eigentümer ist*] ab, so ist die Kündigung für die [*Verkehrs-*]Hypothek [*anders: § 1185 II. Die Sicherungshypothek wird bereits durch Kündigung der Forderung gegenüber dem persönlichen Schuldner fällig*] nur [*dann*] wirksam, wenn sie von dem Gläubiger [*bzw. legitimierten Scheingläubiger, §§ 893 2. Alt, 1138*] dem Eigentümer [*oder eingetragenen Bucheigentümer, Abs. I 2*] oder von dem Eigentümer [*oder Bucheigentümer, § 893 2. Alt; bei Rechtsnachfolge: § 1156 S 2*] dem Gläubiger erklärt wird. [*Folge: der Eigentümer ist gemäß § 1142 zur Befriedigung berechtigt. Bei der Briefhypothek muß zur wirksamen Kündigung der Brief vorgelegt werden, § 1160 II.*] ([2]) Zugunsten des Gläubigers gilt [*bei Kündigung gegenüber einem Bucheigentümer*] derjenige, welcher im Grundbuch als Eigentümer eingetragen ist, als der Eigentümer.

(II) Hat der Eigentümer keinen Wohnsitz im Inland oder liegen die Voraussetzungen des § 132 Abs. 2 vor, so hat auf Antrag des Gläubigers das Amtsgericht, in dessen Bezirke das Grundstück liegt, dem Eigentümer einen Vertreter zu bestellen, dem gegenüber die Kündigung des Gläubigers erfolgen kann.

§ 1142 (Befriedigungsrecht des Eigentümers)

(I) Der Eigentümer [*der nicht zugleich persönlicher Schuldner ist*] ist berechtigt, den Gläubiger zu befriedigen [*Wirkung: § 1143*], wenn die Forderung ihm gegenüber fällig geworden [*z. B. nach § 1141*] oder wenn der persönliche Schuldner zur Leistung berechtigt ist [*§ 271 II*].

(II) Die Befriedigung [*des Gläubigers iSd Abs. I*] kann auch durch Hinterlegung [*§§ 372 ff, seitens des Eigentümers*] oder durch Aufrechnung erfolgen [*§§ 387 ff, des Eigentümers mit seiner Geldforderung gegen den Anspruch des Gläubigers aus § 1147,* *obwohl die Ansprüche nicht gleichartig sind. Der Eigentümer kann aber nicht gegen den Anspruch des Gläubigers an den persönlichen Schuldner, z. B. aus § 607 I, aufrechnen. Grund: § 1142 ermöglicht keine Aufrechnung in Abweichung von dem Erfordernis der Gegenseitigkeit; str. Bei Abtretung der Hypothek § 1156 beachten. Umgekehrt kann der Gläubiger nicht mit seinem dinglichen Anspruch gegen den Eigentümer aufrechnen, da nur zugunsten des Eigentümers die Aufrechnung möglich ist. Steht die Gegenforderung nicht dem Eigentümer, sondern dem persönlichen Schuldner zu, so gilt § 1137 I 1 iVm § 770*].

§ 1143 (Übergang der Forderung auf den Eigentümer)

(I¹) [*Ist der Eigentümer zugleich der persönliche Schuldner, so erlischt mit der Zahlung die Forderung, § 362, und es entsteht eine Eigentümergrundschuld, §§ 1163 I 2, 1177 I 1.*] Ist der Eigentümer nicht der persönliche Schuldner, so geht, soweit er den Gläubiger [*oder Scheinhypothekar, §§ 893 1. Alt bzw. 1155 S 1, 893 2. Alt*] befriedigt [*gleichgültig, ob freiwillig, § 1142, oder durch ZwV, § 1147*], die Forderung [*idR: § 607*] auf ihn über [*§ 412, und bei freiwilliger Zahlung auch die Hypothek als Eigentümergrundschuld, §§ 1153 I, 1177 II. Gemäß § 952 wird er auch Eigentümer des Hypothekenbriefs. Zinsen und Kosten: § 1178. Bei zwangsweiser Befriedigung, § 1147, erlischt dagegen die Hypothek, § 1181 I. Dem Schuldner verbleiben Einwendungen, vgl. S 2 iVm § 774 I 3, und Einreden, §§ 404, 406–408, gegen die Darlehensforderung*]. (²) Die für einen Bürgen geltenden Vorschriften des § 774 Abs. 1 finden entsprechende Anwendung [*d. h. bei Teilbefriedigung geht nur ein Teil der Hypothek, nach § 1143 I 2 iVm § 774 I 1 bzw. nach § 1176 oder nach § 1182, auf den Eigentümer über; die Resthypothek des Gläubigers geht dann der Teileigentümerhypothek vor. Zur Aushändigung des Briefes vgl. § 1145. Einwendungen des Schuldners, § 774 I 3, aus einem zwischen ihm und dem Eigentümer bestehenden Rechtsverhältnis, ins. daß der Eigentümer im Innenverhältnis, z. B. nach § 415 III, zur Zahlung verpflichtet ist, sog. Befreiungseinwand, können auch der nach §§ 1143 I 1, 412 übergegangenen Forderung rechtsvernichtend entgegengehalten werden*].

(II) Besteht für die Forderung eine Gesamthypothek [*vgl. § 1132*], so gelten [*für die Forderung § 1143 I und nur*] für diese [*also das dingliche Recht!*] die Vorschriften des § 1173 [*an Stelle des § 774 II. Zum Vergleich: § 1225 S 2*].

§ 1144 (Aushändigung der Urkunden bei vollständiger Befriedigung)

Der Eigentümer kann [*Zug um Zug*] gegen [*vollständige; bei teilweiser: § 1145*] Befriedigung des Gläubigers [*vgl. § 1142*] die Aushändigung des Hypothekenbriefs und der sonstigen Urkunden [*ins. Umschreibungs- u. Löschungsbewilligung nach §§ 19, 29 GBO sowie eine löschungsfähige Quittung*] verlangen, die zur Berichtigung des Grundbuchs [*§§ 894 ff*] oder zur Löschung der Hypothek erforderlich sind. [*Zur Quittung: vgl. §§ 368, 369.*]

§ 1145 (Teilweise Befriedigung)

(I¹) Befriedigt [*iSd § 1142*] der Eigentümer den Gläubiger nur teilweise, so kann er die Aushändigung des Hypothekenbriefs [*nach § 1144*] nicht verlangen. (²) Der

Gläubiger ist verpflichtet, die teilweise Befriedigung auf dem Briefe zu vermerken [*sog. Teilbefriedigungsvermerk; zur Bedeutung: § 1140*] und den Brief zum Zwecke der Berichtigung des Grundbuchs oder der Löschung dem Grundbuchamt oder zum Zwecke der Herstellung eines Teilhypothekenbriefs [*§ 1152 und § 61 GBO*] für den Eigentümer der zuständigen Behörde oder einem zuständigen Notare vorzulegen.

(II[1]) Die Vorschrift des Absatzes 1 Satz 2 gilt für Zinsen und andere Nebenleistungen nur, wenn sie später als in dem Kalendervierteljahr, in welchem der Gläubiger befriedigt wird, oder dem folgenden Vierteljahre fällig werden. ([2]) Auf Kosten, für die das Grundstück nach § 1118 haftet, findet die Vorschrift keine Anwendung. [*Nur Recht auf Quittung, §§ 368, 369.*]

§ 1146 (Verzugszinsen)

Liegen dem Eigentümer gegenüber die Voraussetzungen vor, unter denen ein Schuldner in Verzug kommt [*vgl. §§ 284 ff, 1141*], so gebühren dem Gläubiger [*wegen verspäteter Kapitalzahlung aus der Hypothek*] Verzugszinsen aus dem Grundstücke [*das Grundstück haftet dann nach §§ 1147, 1146 für Verzugszinsen; zum Ersatz des Verzugsschadens ist der Eigentümer aber nicht verpflichtet. Für Verzug mit der Forderung gilt § 1118*].

§ 1147 (Befriedigung aus dem Grundstück durch Zwangsvollstreckung)

Die Befriedigung des Gläubigers aus dem Grundstück [*vgl. § 1113*] und den Gegenständen, auf die sich die Hypothek erstreckt [*§§ 1120–1130*], erfolgt im Wege der Zwangsvollstreckung [*auf Grund eines dinglichen Titels gegen den Eigentümer, § 1148. Dies können ein Urteil, gemäß § 704 ZPO, oder die Titel des § 794 ZPO sein. Besonders wichtig ist § 794 I Nr. 5 ZPO, die gerichtliche oder notarielle Urkunde, in der sich der Eigentümer der sofortigen Zwangsvollstreckung wegen der Hypothek unterwirft. Über die Wirkung der Befriedigung, vgl. § 1181. Die Zwangsvollstreckung selbst erfolgt in der Regel durch Zwangsversteigerung oder Zwangsverwaltung, §§ 864, 866 ZPO, §§ 55, 90 II ZVG*].

§ 1148 (Rechtsverfolgung gegen den Bucheigentümer)

([1]) Bei der Verfolgung des Rechtes aus der Hypothek [*§ 1147*] gilt [*unwiderleglich, denn gesetzliche Fiktion!*] zugunsten des Gläubigers derjenige [*Bucheigentümer*], welcher im Grundbuch als Eigentümer eingetragen ist, als der Eigentümer. ([2]) Das Recht des nicht eingetragenen [*wahren*] Eigentümers [*im Prozeß, §§ 256, 64 ff ZPO, oder im Vollstreckungsverfahren, § 771 ZPO, gegen den Bucheigentümer*], die ihm gegen die Hypothek zustehenden Einwendungen [*vgl. § 1137*] geltend zu machen, bleibt unberührt.

§ 1149 (Nichtigkeit von Verfallsklauseln)

Der Eigentümer kann, solange nicht die Forderung ihm gegenüber fällig geworden ist [*vgl. § 1141*], dem Gläubiger nicht das Recht einräumen, zum Zwecke der

Befriedigung die Übertragung des Eigentums an dem Grundstücke zu verlangen oder die Veräußerung des Grundstücks auf andere Weise als im Wege der Zwangsvollstreckung zu bewirken.

§ 1150 (Ablösungsrecht Dritter)

Verlangt der Gläubiger [*ernsthaft*] Befriedigung aus dem Grundstücke [*z. B. durch Kündigung der Hypothek*], so finden die Vorschriften der §§ 268, 1144, 1145 entsprechende Anwendung [*bereits bevor der Gläubiger die Zwangsvollstreckung konkret betreibt, so § 268 I. Ablösungsberechtigt, § 268 I, sind die am Grundstück dinglich Berechtigten, die im Falle der Zwangsversteigerung nicht in das geringste Gebot fallen, § 45 ZVG. So ins. nachstehende Grundschuld- und Hypothekengläubiger. Auch Mieter und Pächter; Grund: §§ 57 a, 91 ZVG. Folgen: Der Ablösende erwirbt die Forderung, §§ 1150, 268 III, 412, und damit auch die Hypothek, § 1153. Bei der Teilablösung geht nur der betroffene Teil über, und zwar gem. § 268 III 2 mit dem Range hinter der Restforderung des Gläubigers*].

§ 1151 (Teilhypotheken)

Wird die Forderung [*aufgrund Vertrag oder Gesetz, z. B. §§ 1143, 1150, 1163*] geteilt, so ist zur Änderung des Rangverhältnisses der Teilhypotheken untereinander [*abweichend von § 880 II 2*] die Zustimmung des Eigentümers nicht erforderlich.

§ 1152 (Teilhypothekenbrief)

(1) Im Falle einer Teilung der Forderung kann, sofern nicht die Erteilung des Hypothekenbriefs ausgeschlossen ist, für jeden Teil ein Teilhypothekenbrief [*vgl. § 61 GBO*] hergestellt werden; die Zustimmung des Eigentümers des Grundstücks ist nicht erforderlich. (2) Der Teilhypothekenbrief tritt für den Teil, auf den er sich bezieht, an die Stelle des bisherigen Briefes. [*Bleibt der Brief ungeteilt, so besteht Miteigentum, § 952*]

§ 1153 (Übertragung der Forderung; Verbot, Hypothek und Forderung zu trennen)

(I) Mit der Übertragung der Forderung [*durch Rechtsgeschäft, § 1154, oder nach § 1155 S 2 oder kraft Gesetzes nach §§ 412, 268 III; 426 II, 774 I, 1143, 1225*] geht die Hypothek [*zwingend*] auf den neuen Gläubiger über. [*Ausnahmen von Abs. I: §§ 1159, 1190 IV; vgl. auch §§ 1168, 1180, 1198.*]

(II) Die Forderung kann nicht ohne die Hypothek [*d. h. ein auf eine isolierte Abtretung der Forderung ohne Mitübertragung der Hypothek gerichtetes Rechtsgeschäft ist nach § 134 nichtig*], die Hypothek kann nicht [*d. h. § 134*] ohne die Forderung übertragen werden. [*Ausnahmen: §§ 1164, 1173 II, 1174 I, 1182 S 1.*]

§ 1154 (Form der Abtretung)

(I1) Zur Abtretung der [*durch eine Briefhypothek gesicherten*] Forderung [*Folge: § 1153 I*] ist [*ein Abtretungsvertrag wie in § 398 zwischen Hypothekar und Erwerber und*]

Erteilung der Abtretungserklärung [*nur des Hypothekars, nicht der Annahmeerklärung des Erwerbers*] in schriftlicher Form [*§ 126, oder in öffentlich-beglaubigter Form, S 2, oder Ersatz nach Abs. II*] und Übergabe des Hypothekenbriefs [*oder ihr Ersatz: 2. HS!*] erforderlich [*dagegen nicht die Eintragung im Grundbuch, vgl. Abs. II*]; die Vorschriften des § 1117 [*Übergabeersatz*] finden Anwendung. (2) Der bisherige Gläubiger hat auf Verlangen des neuen Gläubigers die Abtretungserklärung [*S 1*] auf seine Kosten öffentlich [*§ 129. Grund: §§ 1155, 1160*] beglaubigen zu lassen.

(II) [*Nur*] Die schriftliche Form der Abtretungserklärung [*der durch eine Briefhypothek gesicherten Forderung*] kann dadurch ersetzt werden, daß die Abtretung in das Grundbuch eingetragen wird. [*Verfahren: §§ 26, 28 GBO; Vorteil: §§ 891–899, ins. § 891, kommen Erwerber zugute.*]

(III) Ist die Erteilung des Hypothekenbriefs ausgeschlossen [*also Abtretung bei der Buchhypothek*], so finden auf die Abtretung der Forderung [*Folge: § 1153 I*] die Vorschriften der §§ 873 [*formlose Einigung und Eintragung*], 878 entsprechende Anwendung.

§ 1155 (Legitimation des Hypothekenbriefs)

(1) Ergibt sich das [*in Wahrheit nicht bestehende*] Gläubigerrecht des Besitzers [*auch § 868*] des Hypothekenbriefs [*der durch Übergabe oder Ersatz, §§ 1154 I 1, 1117 I 2, in den Besitz des Hypothekenbriefs gelangt ist. Bei Abhandenkommen iSd § 935 sind daher §§ 891–899 unanwendbar*] aus einer zusammenhängenden [*Folge: § 1155 ist unanwendbar, wenn die Abtretungskette durch nur eine privatschriftliche Abtretungserklärung unterbrochen ist*], auf einen [*d. h. den letzten im Grundbuch*] eingetragenen Gläubiger zurückführenden Reihe von öffentlich beglaubigten [*§§ 129, 1154 I 2, oder beurkundeten § 129 II*] Abtretungserklärungen [*sogar bei gefälschten, str.*], so finden die Vorschriften der §§ 891 bis 899 in gleicher Weise Anwendung, wie wenn der Besitzer des Briefes als Gläubiger im Grundbuch eingetragen wäre. [*Folgen: Die Vermutung des § 891 gilt für den Briefbesitzer. Nach § 892 I 1 bzw. §§ 1138 1. Alt, 892 I 1 kann die Hypothek gutgläubig erworben werden bei Unkenntnis des Erwerbers und fehlendem Widerspruch im Grundbuch oder auf dem Brief. Die letzte Abtretung an den gutgläubigen Erwerber braucht nicht öffentlich beglaubigt zu sein. Besteht die Forderung, steht sie aber einem anderen als dem Briefbesitzer zu, so kommt es zu keiner Trennung von Hypothek und Forderung: der Gutgläubige erwirbt die Hypothek, nach §§ 1138 1. Alt, 892 I 1 1. Alt, und zugleich in Umkehrung des Akzessorietätsgrundsatzes die Forderung analog § 1153 II; str. Nach § 893 1. Alt kann der redliche Eigentümer an den Briefbesitzer befreiend das Hypothekenkapital zahlen, gem. § 1142, Folge: § 1143; vgl. auch § 1150. Wird »auf« die persönliche Forderung gezahlt, so gilt § 893 1. Alt iVm § 1155 S 1 nicht. § 894: der wahre Hypothekar hat gegen den Briefbesitzer einen Berichtigungsanspruch.*] (2) Einer öffentlich beglaubigten Abtretungserklärung steht gleich ein gerichtlicher Überweisungsbeschluß [*§ 835 II ZPO: wirkt wie Abtretung*] und das öffentlich beglaubigte [*§ 129 I*] Anerkenntnis [*des bisherigen Gläubigers*] einer kraft Gesetzes erfolgten Übertragung der Forderung [*samt Hypothek nach § 1153, z. B. nach §§ 412, 401 iVm §§ 268 III 1, 426 II 1, 774 I 1, 1143 I 1, 1164, 1173 f, 1182 S 1, 1249 S 2. Ausgleich für den Rechtsverlust: ins. § 816 I 1*].

§ 1156 (Dingliche Klage des neuen Gläubigers gegenüber dem Eigentümer)

(¹) [*Zahlt der Eigentümer-Schuldner nach Abtretung, § 1154, oder gesetzlichem Übergang der Verkehrshypothek an den ursprünglichen Hypotheken-Gläubiger, so erlischt die Forderung, z. B. aus § 607, wenn ihm die Abtretung der Hypothek nicht bekannt war, § 407 I. Dagegen wird die Hypothek nicht gem. §§ 1163 I 2, 1177 I 1 zur Eigentümergrundschuld; der neue Hypothekar kann aus dem Grundstück Befriedigung, § 1147, suchen, denn*] Die für die Übertragung der Forderung geltenden [*Schuldnerschutz-*]Vorschriften der §§ 406 bis 408 finden auf das Rechtsverhältnis zwischen dem Eigentümer [*der auch selbst persönlicher Schuldner sein kann*] und dem neuen Gläubiger »in Ansehung der Hypothek« [*§ 1147; anders bei Sicherungshypothek, § 1185 II*] keine Anwendung [*es sei denn, daß die Voraussetzungen des § 893 1. Alt vorliegen. Dann erlischt auch die Hypothek bei Zahlung an den Scheinhypothekar, sofern dieser sich durch den Besitz des Hypothekenbriefes, § 1160, legitimieren konnte*]. (²) Der neue Gläubiger muß jedoch eine dem bisherigen Gläubiger gegenüber erfolgte Kündigung des Eigentümers [*vgl. § 1141*] gegen sich gelten lassen, es sei denn, daß die Übertragung zur Zeit der Kündigung dem Eigentümer bekannt oder im Grundbuch eingetragen ist [*weitere Einschränkungen des § 1156 S 1: §§ 1158, 1159*].

§ 1157 (Einreden gegenüber dem neuen Hypothekar)

(¹) Eine Einrede [*z. B. Stundung der Hypothek, Tilgungsvereinbarung, Einrede unzulässiger Rechtsausübung, Einrede der Nichtvalutierung der Grundschuld und §§ 821, 853*], die dem Eigentümer [*schon vor der Übertragung des Grundpfandrechtes*] auf Grund eines zwischen ihm und dem bisherigen Gläubiger bestehenden Rechtsverhältnisses gegen die [*dingliche Klage, § 1147, aus der*] Hypothek [*Grundschuld, § 1192*] zusteht, kann auch dem neuen Gläubiger entgegengesetzt werden [*nach Übertragung der Hypothek kraft Gesetzes oder durch Vertrag, dann allerdings erheblich eingeschränkt durch die Regelung in S 2*]. (²) Die Vorschriften der §§ 892, 894 bis 899, 1140 gelten auch für diese Einrede. [*Dies bedeutet: Ist die Einrede bei rechtsgeschäftlicher Abtretung nicht im Grundbuch eingetragen, §§ 892 I 1, 894, oder nicht auf dem Hypothekenbrief vermerkt, § 1140, oder nicht durch Widerspruch gesichert, §§ 899, 894, und waren dem neuen Gläubiger die Tatsachen, auf die sich die Einrede gründet, unbekannt, so erlischt die Einrede. Sie kann dann dem Zessionar nicht entgegengesetzt werden. Ist die Hypothek auch nach der Übertragung noch mit einer dauernden Einrede behaftet, so kann der Eigentümer verlangen, daß der Gläubiger auf die Hypothek verzichtet, §§ 1157, 1169. Der Erwerber einer Sicherungsgrundschuld ist nur dann »bösgläubig« iSv §§ 1157 S 2, 892, wenn er sowohl den Sicherungscharakter der Grundschuld als auch das Fehlen einer zu sichernden Forderung kannte.*]

§ 1158 (Weiterzahlung der Zinsen etc. an den bisherigen Gläubiger)

Soweit die Forderung auf [*künftig fällig werdende*] Zinsen oder andere Nebenleistungen [*vgl. § 1118*] gerichtet ist, die nicht später als in dem Kalendervierteljahr, in welchem der Eigentümer von der Übertragung [*der Hauptforderung gemäß §§ 1153 ff*] Kenntnis erlangt, oder dem folgenden Vierteljahre fällig werden, finden auf das Rechtsverhältnis zwischen dem Eigentümer und dem neuen Gläubiger die

Vorschriften der §§ 406 bis 408 Anwendung [*d. h. in Ausnahme zu § 1156 S 1 kann der Eigentümer wirksam an den bisherigen Gläubiger leisten*]; der Gläubiger kann sich gegenüber den Einwendungen, welche dem Eigentümer nach den §§ 404, 406 bis 408, 1157 zustehen, nicht auf die Vorschriften des § 892 berufen [*d. h. kein Erlöschen durch einredefreien Erwerb nach § 1157 S 2*].

§ 1159 (Rückständige Zinsen und Nebenleistungen)

(I[1]) Soweit die Forderung auf Rückstände von Zinsen oder anderen Nebenleistungen [*vgl. § 1118*] gerichtet ist [*die z. Zt. der Abtretung bereits fällig waren, RGZ 91, 301*], bestimmt sich die Übertragung [*§ 398, nicht § 1154*] sowie das Rechtsverhältnis zwischen dem Eigentümer und dem neuen Gläubiger [*unverändert*] nach den für die Übertragung von Forderungen geltenden allgemeinen Vorschriften [*§§ 398 ff, ins. die §§ 404 ff, gelten. §§ 1154–1158, 1147, 1138, 892 – vgl. Abs. II – sind unanwendbar. Geltendmachung: § 1160 III*]. ([2]) Das gleiche gilt für den Anspruch auf Erstattung von Kosten, für die das Grundstück nach § 1118 haftet.

(II) Die Vorschriften des § 892 finden auf die im Absatz 1 bezeichneten Ansprüche keine Anwendung.

§ 1160 (Geltendmachung der Briefhypothek)

(I) Der [*gerichtlichen*] Geltendmachung der [*Brief-*]Hypothek [*vgl. §§ 894, 1134, 1135, 1147. Für die Geltendmachung der persönlichen Forderung nur, wenn Eigentümer zugleich persönlicher Schuldner ist, § 1161*] kann, sofern nicht die Erteilung des Hypothekenbriefs ausgeschlossen ist, widersprochen werden, wenn der Gläubiger nicht den Brief vorlegt; ist der Gläubiger nicht im Grundbuch eingetragen, so sind auch die im § 1155 bezeichneten Urkunden vorzulegen. [*Deshalb findet § 893 1. Alt auf Kapitalzahlungen, die auf eine Briefhypothek oder Briefgrundschuld geleistet werden, dann keine Anwendung, wenn sich der eingetragene Buchberechtigte nicht im Besitz des Hypothekenbriefes befindet.*]

(II) Eine dem Eigentümer gegenüber erfolgte Kündigung [*vgl. § 1141*] oder Mahnung [*vgl. § 1146*] ist unwirksam, wenn der Gläubiger die nach Absatz 1 erforderlichen Urkunden nicht vorlegt und der Eigentümer die Kündigung oder die Mahnung aus diesem Grunde unverzüglich [*vgl. § 121 I 1*] zurückweist. [*Weist der Grundstückseigentümer die ohne Vorlegung der Urkunden erfolgte Kündigung etc. nicht unverzüglich zurück, so sind sie wirksam.*]

(III) Diese Vorschriften gelten nicht für die im § 1159 [*ins. Zinsrückstände*] bezeichneten Ansprüche. [*Hier gilt § 410.*]

§ 1161 (Geltendmachung der persönlichen Forderung)

Ist der Eigentümer der persönliche Schuldner, so finden die Vorschriften des § 1160 auch auf die Geltendmachung der Forderung Anwendung.

§ 1162 (Verlorener Brief)

Ist der Hypothekenbrief abhanden gekommen oder vernichtet, so kann er im

Wege des Aufgebotsverfahrens [*§§ 946–956, 1003–1018 ZPO*] für kraftlos erklärt werden [*vgl. §§ 67, 68 GBO bzgl. des neuen Briefes*].

§ 1163 (Eigentümergrundschuld; Eigentümerhypothek)

(I[1]) Ist die [*Geld-*]Forderung, für welche die Hypothek bestellt ist [*§§ 1113, 873*], [*noch oder endgültig*] nicht zur Entstehung gelangt [*z. B. Nichtvalutierung oder Unwirksamkeit nach §§ 105 I, 125, 138 I, 142, 123 etc.*], so steht die Hypothek dem [*der zur Zeit der Eintragung der Hypothek*] Eigentümer [*des Grundstücks war, als vorläufige oder endgültige Eigentümergrundschuld nach § 1177 I 1*] zu. ([2]) Erlischt [*ins. durch Tilgung, § 362, oder durch §§ 378, 387, 397, 346, 158 II*] die [*Geld-*]Forderung, so erwirbt der [*der zur Zeit der Löschung der Hypothek*] Eigentümer [*des Grundstücks ist*] die Hypothek [*als Eigentümergrundschuld, § 1177 I. § 1163 I 2 gilt nicht in den Fällen, in welchen die Hypothek trotz Befriedigung des Gläubigers auf einen Dritten übergeht, §§ 426 II 1, 1143 I 1, 268 III iVm §§ 1150, 1164, 1173 II, 1174, oder erlischt, §§ 1181, 1173 I 1 2. HS, 1174 I 2. HS, 1178 I 1*].

(II) Eine [*Brief-*]Hypothek, für welche die Erteilung des Hypothekenbriefs nicht ausgeschlossen ist, steht bis zur Übergabe des Briefes [*§ 1117*] an den Gläubiger dem Eigentümer [*als vorläufige Eigentümergrundschuld nach § 1177 I*] zu. [*Abs. II gilt nicht, wenn eine Aushändigungsvereinbarung nach § 1117 II getroffen wurde.*]

§ 1164 (Übergang der Hypothek auf den Schuldner)

(I[1]) [*Befriedigt der persönliche Schuldner, der zugleich Eigentümer ist, den Gläubiger, so erlischt die Forderung und die Hypothek wird nach §§ 1163 I 2, 1177 I zur Eigentümergrundschuld.*] Befriedigt der persönliche Schuldner [*der nicht zugleich Eigentümer ist*] den Gläubiger, so [*erlischt die Forderung. Die Hypothek wird jedoch nicht zur Eigentümergrundschuld, wenn der Eigentümer dem Schuldner zur Ausgleichung verpflichtet ist, denn dann*] geht die Hypothek [*kraft Gesetzes zur Sicherung seines Ausgleichsanspruchs*] insoweit auf ihn über [*steht ihm kein Ersatzanspruch zu, so erlischt die Hypothek, §§ 1163 I 2, 1177 I*], als er von dem Eigentümer oder einem Rechtsvorgänger des Eigentümers »Ersatz verlangen kann« [*aus Vertrag oder z. B. aus §§ 415 III, 329; 416, 670; 683, 670; 684 S 1; 812; 2166–2168, weil der Eigentümer im Innenverhältnis die Belastungen zu tragen hat. Dem Eigentümer verbleiben auch nach Übergang der Hypothek die Einreden aus §§ 1137, 1157, selbst wenn der Schuldner gutgläubig iSv § 892 ist*]. ([2]) Ist dem Schuldner nur »teilweise Ersatz« zu leisten [*weil er den Gläubiger nur teilweise befriedigt hat, so geht die Hypothek nur teilweise auf ihn über. Die Resthypothek verbleibt dem Gläubiger; zum Vorrang: § 1176. Ist der Gläubiger voll befriedigt, kann der Schuldner aber nur teilweise Ersatz verlangen, weil z. B. der Eigentümer den Rest gezahlt hat, so geht die Hypothek nur teilweise auf ihn über. Der Rest steht dem Eigentümer als Eigentümergrundschuld, §§ 1163 I 2, 1177 I, zu. Handelt es sich um einen solchen Fall der Teilung der Hypothek*], so kann der Eigentümer die Hypothek, soweit sie auf ihn [*als Eigentümergrundschuld nach §§ 1163 I 2, 1177 I*] übergegangen ist, nicht zum Nachteile der Hypothek des Schuldners geltend machen [*d. h. das Teilrecht des Schuldners hat den Vorrang. Vgl. für den Fall der teilweisen Befriedigung: § 1176*].

(II) Der Befriedigung des Gläubigers [*durch Zahlung iSd Abs. I*] steht es gleich, wenn [*die Forderung erlischt, weil*] sich Forderung und Schuld in einer Person [*z. B. nach § 1922*] vereinigen. [*Gilt auch für Erlöschen der Schuld durch Erlaß, § 397, str., und Aufrechnung. Bei Zahlung an Scheingläubiger wird Schuldner nicht frei, weil §§ 893 1. Alt, 1155 S 1 für Zahlung auf die persönliche Forderung nicht gelten.*]

§ 1165 (Freiwerden des Schuldners bei Regreßbehinderung)

Verzichtet [*§§ 1168, 1175 I*] der Gläubiger auf die Hypothek oder hebt er sie nach § 1183 auf oder räumt er einem anderen Rechte den Vorrang [*§ 880*] ein, so wird der persönliche Schuldner [*der nicht zugleich Eigentümer ist*] insoweit frei [*die Forderung erlischt also kraft Gesetzes*], als er ohne diese Verfügung nach § 1164 aus der Hypothek hätte Ersatz erlangen können. [*Folge: Hypothek wird nach §§ 1163 I 2, 1177 I 1 zur Eigentümergrundschuld.*]

§ 1166 (Benachrichtigung des persönlichen Schuldners)

([1]) Ist der persönliche Schuldner berechtigt, von dem Eigentümer Ersatz zu verlangen, falls er den Gläubiger befriedigt [*§ 1164*], so kann er, wenn der Gläubiger die Zwangsversteigerung des Grundstücks betreibt, ohne ihn unverzüglich zu benachrichtigen, die Befriedigung des Gläubigers wegen eines Ausfalls bei der Zwangsversteigerung insoweit verweigern, als er infolge der Unterlassung der Benachrichtigung einen Schaden erleidet. ([2]) Die Benachrichtigung darf unterbleiben, wenn sie untunlich ist.

§ 1167 (Anspruch auf Berichtigungsurkunden)

Erwirbt der persönliche Schuldner, falls er den Gläubiger befriedigt, die Hypothek [*§§ 1164, 1174, 426 II 1 iVm § 1153*] oder hat er im Falle der Befriedigung ein sonstiges rechtliches Interesse an der Berichtigung des Grundbuchs, so stehen ihm die in den §§ 1144, 1145 bestimmten Rechte zu.

§ 1168 (Verzicht auf die Hypothek)

(I) Verzichtet der Gläubiger [*wirkungsgleich: § 418 I 2, 3*] auf die Hypothek [*Form: vgl. Abs. II*], so erwirbt sie der [*wahre, str.*] Eigentümer [*dem das Grundstück z. Zt. des Verzichts gehört, nach § 1177 I als Eigentümergrundschuld. Die Forderung, z. B. § 607, bleibt bestehen. Anders bei Erlaß, § 397: Eigentümergrundschuld nach §§ 1163 I 2, 1177 I. Zur Aufhebung der Hypothek: vgl. § 1183*].

(II[1]) Der [*einseitige materiell-rechtliche*] Verzicht ist dem Grundbuchamt oder dem Eigentümer gegenüber zu erklären und bedarf der Eintragung in das Grundbuch. ([2]) Die Vorschriften des § 875 Abs. 2 und der §§ 876, 878 finden entsprechende Anwendung [*vgl. § 1178 II bzgl. Gesamthypothek*].

(III) Verzichtet der Gläubiger für einen Teil der Forderung auf die Hypothek, so stehen dem Eigentümer die im § 1145 bestimmten Rechte zu.

§ 1169 (Verzichtsanspruch aufgrund dauernder Einrede)

Steht dem Eigentümer eine [*dauernde*] Einrede [*gegen die Hypothek aus § 1137, z. B. §§ 821, 853, 478, 639, str.; nicht: §§ 273, 320; § 222; § 1975 oder aus § 1157 S 1*] zu, durch welche die Geltendmachung der Hypothek dauernd ausgeschlossen wird, so kann er verlangen, daß der Gläubiger [*sofern er sie nicht einwandfrei nach §§ 1138 2. Alt, 1157 S 2 erworben hat*] auf die Hypothek [*gemäß § 1168*] verzichtet. [*Statt des Verzichts kann der Eigentümer auch eine Löschungsbewilligung verlangen. So RGZ 91, 226.*]

§ 1170 (Aufgebot einer mutmaßlich erloschenen Hypothek)

(I[1]) Ist der Gläubiger unbekannt, so kann er im Wege des Aufgebotsverfahrens [*§§ 946–959, 982–987, 1024 ZPO*] mit seinem Rechte ausgeschlossen werden, wenn seit der letzten sich auf die Hypothek beziehenden Eintragung in das Grundbuch zehn Jahre verstrichen sind und das Recht des Gläubigers nicht innerhalb dieser Frist von dem Eigentümer in einer nach § 208 zur Unterbrechung der Verjährung geeigneten Weise anerkannt worden ist. ([2]) Besteht für die Forderung eine nach dem Kalender bestimmte Zahlungszeit, so beginnt die Frist nicht vor dem Ablaufe des Zahlungstags.

(II[1]) Mit der Erlassung des Ausschlußurteils erwirbt der Eigentümer die Hypothek. ([2]) Der dem Gläubiger erteilte Hypothekenbrief wird kraftlos.

§ 1171 (Aufgebot einer noch bestehenden Hypothek)

(I[1]) Der unbekannte Gläubiger kann im Wege des Aufgebotsverfahrens mit seinem Rechte auch dann ausgeschlossen werden, wenn der Eigentümer zur Befriedigung des Gläubigers oder zur Kündigung berechtigt ist und den Betrag der Forderung für den Gläubiger unter Verzicht auf das Recht zur Rücknahme hinterlegt. ([2]) Die Hinterlegung von Zinsen ist nur erforderlich, wenn der Zinssatz im Grundbuch eingetragen ist; Zinsen für eine frühere Zeit als das vierte Kalenderjahr vor der Erlassung des Ausschlußurteils sind nicht zu hinterlegen.

(II[1]) Mit der Erlassung des Ausschlußurteils gilt der Gläubiger als befriedigt, sofern nicht nach den Vorschriften über die Hinterlegung die Befriedigung schon vorher eingetreten ist. ([2]) Der dem Gläubiger erteilte Hypothekenbrief wird kraftlos.

(III) Das Recht des Gläubigers auf den hinterlegten Betrag erlischt mit dem Ablaufe von dreißig Jahren nach der Erlassung des Ausschlußurteils, wenn nicht der Gläubiger sich vorher bei der Hinterlegungsstelle meldet; der Hinterleger ist zur Rücknahme berechtigt, auch wenn er auf das Recht zur Rücknahme verzichtet hat.

§ 1172 (Eigentümergesamthypothek)

(I) Eine Gesamthypothek [*§ 1132 I 1*] steht in den Fällen des § 1163 [*wenn die belasteten Grundstücke verschiedenen Eigentümern gehören und alle – sonst gilt § 1173 – den Gläubiger gemeinsam befriedigen als Eigentümergesamtgrundschuld, § 1177 I*] den Eigentümern der belasteten Grundstücke gemeinschaftlich [*in Bruchteilsgemeinschaft nach §§ 741 ff; str.*] zu. [*Bei Befriedigung des Hypothekengläubigers im Wege der Zwangsvollstreckung, § 1147, gelten §§ 1181 ff.*]

(II[1]) Jeder Eigentümer kann, sofern nicht ein anderes vereinbart ist, verlangen, daß die Hypothek an seinem Grundstück auf den Teilbetrag, der dem Verhältnisse des Wertes seines Grundstücks zu dem Werte der sämtlichen Grundstücke entspricht, nach § 1132 Abs. 2 beschränkt und in dieser Beschränkung ihm zugeteilt wird. ([2]) Der Wert wird unter Abzug der Belastungen berechnet, die der Gesamthypothek im Range vorgehen [*s. auch § 1174 II*].

§ 1173 (Befriedigung durch einen Eigentümer)

(I[1]) Befriedigt der [*oder genauer: nur einer – sonst gilt § 1172 – von mehreren*] Eigentümer eines der mit einer Gesamthypothek belasteten Grundstücke den Gläubiger [*z. B. gemäß § 1142*], so erwirbt er die Hypothek an seinem Grundstücke [*als Eigentümergrundpfandrecht nach §§ 1163 I 2, 1177*]; die Hypothek an den übrigen Grundstücken erlischt. [*Prinzip der Regreßlosigkeit der Gesamthypothek. Ausnahme in Abs. II. Aber die Forderung geht auf ihn über, § 1143 I.*] ([2]) Der Befriedigung des Gläubigers durch den Eigentümer steht es gleich, wenn das Gläubigerrecht auf den Eigentümer übertragen wird oder wenn sich Forderung und Schuld in der Person des Eigentümers vereinigen [*vgl. § 1164 II*].

(II) Kann der Eigentümer, der den Gläubiger befriedigt, von dem Eigentümer eines der anderen Grundstücke oder einem Rechtsvorgänger dieses Eigentümers [*z. B. nach § 670*] Ersatz verlangen, so geht in Höhe des Ersatzanspruchs auch die Hypothek an dem Grundstücke dieses [*ersatzpflichtigen*] Eigentümers auf ihn [*vgl. Abs. I S 1*] über; sie bleibt mit der Hypothek an seinem eigenen Grundstücke Gesamthypothek.

§ 1174 (Befriedigung durch den persönlichen Schuldner bei der Gesamthypothek)

(I) Befriedigt der persönliche Schuldner [*der nicht Eigentümer eines belasteten Grundstücks ist. Sonst: § 1173*] den Gläubiger, dem eine Gesamthypothek zusteht, oder vereinigen sich bei einer Gesamthypothek Forderung und Schuld in einer Person, so geht, wenn der Schuldner nur von dem Eigentümer eines [*bei allen gilt § 1164*] der Grundstücke oder von einem Rechtsvorgänger des Eigentümers Ersatz verlangen kann, die Hypothek an diesem Grundstück auf ihn über; die Hypothek an den übrigen Grundstücken erlischt.

(II) Ist dem Schuldner nur teilweise Ersatz zu leisten und geht deshalb die Hypothek nur zu einem Teilbetrag auf ihn über, so hat sich der Eigentümer diesen Betrag auf den ihm nach § 1172 gebührenden Teil des übrigbleibenden Betrags der Gesamthypothek anrechnen zu lassen.

§ 1175 (Verzicht auf die Gesamthypothek)

(I[1]) Verzichtet der Gläubiger [*nach § 1168*] auf die Gesamthypothek [*insgesamt*], so fällt sie den Eigentümern der belasteten Grundstücke [*als Eigentümergrund-*

schuld, §§ 1168 I, 1177 I] gemeinschaftlich [*in Bruchteilsgemeinschaft nach §§ 741 ff, str.*] zu; die Vorschriften des § 1172 Abs. 2 finden Anwendung. (²) Verzichtet der Gläubiger [*nur*] auf die Hypothek an einem [*einzelnen*] der Grundstücke, so erlischt die Hypothek an diesem.

(II) Das gleiche gilt, wenn der Gläubiger nach § 1170 mit seinem Rechte ausgeschlossen wird.

§ 1176 (Vorrang der Eigentümerteilhypothek)

Liegen die Voraussetzungen der §§ 1163, 1164, 1168, 1172 bis 1175 nur in Ansehung eines Teilbetrags der Hypothek vor, so kann die auf Grund dieser Vorschriften dem Eigentümer oder einem der Eigentümer oder dem persönlichen Schuldner zufallende Hypothek nicht zum Nachteile der dem Gläubiger verbleibenden Hypothek geltend gemacht werden.

§ 1177 (Eigentümergrundschuld – Eigentümerhypothek)

(I¹) Vereinigt sich die Hypothek mit dem Eigentum in einer Person, ohne daß dem Eigentümer auch die Forderung zusteht [*z. B. nach §§ 1163, 1168 I, 1170 II, 1171, 1172 I, 1173, 1175; §§ 868, 932 II ZPO*], so verwandelt sich die Hypothek in eine [*Eigentümer-*]Grundschuld [*§§ 1196, 1197; Folge: bisherige Rangstelle bleibt dem Eigentümer erhalten; nachrangige Grundpfandgläubiger rücken nicht auf. Sie erhalten aber einen gesetzlichen Löschungsanspruch, § 1179a, gegen den Eigentümer*]. (²) In Ansehung der Verzinslichkeit [*vgl. § 1197 II*], des Zinssatzes, der Zahlungszeit, der Kündigung und des Zahlungsorts bleiben die für die Forderung getroffenen Bestimmungen maßgebend.

(II) Steht dem Eigentümer [*z. B. durch nachträglichen Übergang der Hypothek samt der Forderung nach §§ 1143, 1153*] auch die Forderung zu, so bestimmen sich seine Rechte aus der [*Eigentümer-*]Hypothek, solange die Vereinigung besteht, nach den für eine Grundschuld des Eigentümers geltenden Vorschriften [*ins. § 1197*].

§ 1178 (Erlöschen der Hypothek für Zinsrückstände)

(I¹) Die Hypothek für Rückstände von Zinsen und anderen Nebenleistungen sowie für Kosten [*iSd § 1118*], die dem Gläubiger zu erstatten sind, erlischt [*Ausnahme: S 2*], wenn sie sich mit dem Eigentum in einer Person vereinigt [*es entsteht kein Eigentümergrundpfandrecht, § 1177*]. (²) Das Erlöschen tritt nicht ein, solange einem Dritten ein Recht »an dem Anspruch« [*z. B. §§ 1068 ff, 1273 ff; und zwar dem Inhaber*] auf eine solche Leistung zusteht.

(II¹) Zum Verzicht auf die Hypothek für die im Absatz 1 bezeichneten Leistungen genügt [*abweichend von § 1168 I*] die Erklärung des Gläubigers gegenüber dem Eigentümer. [*Eintragung nicht nötig. Folge: Erlöschen der Hypothek.*] (²) Solange einem Dritten ein Recht an dem Anspruch auf eine solche Leistung zusteht, ist die Zustimmung des Dritten erforderlich. (³) Die Zustimmung ist demjenigen gegenüber zu erklären, zu dessen Gunsten sie erfolgt; sie ist unwiderruflich.

§ 1179 (Vormerkung eines vertraglichen Löschungsanspruchs)

Verpflichtet sich der [*Grundstücks-*]Eigentümer einem anderen gegenüber [*in vertraglicher Vereinbarung*], die Hypothek [*die Grundschuld, § 1192, oder die Rentenschuld, § 1199 I*] löschen [*gemeint ist die Verpflichtung zu einer Aufhebung iSd §§ 875, 1183*] zu lassen, wenn sie sich mit dem Eigentum in einer Person vereinigt [*und zur Eigentümergrundschuld z. B. nach §§ 1143, 1163, 1177 wird*], so kann [*seit 1.1.1978 eine Löschungsvormerkung zur Sicherung der schuldrechtlichen Vereinbarung nur noch zugunsten eines eng begrenzten Gläubigerkreises eingetragen werden. Denn:*] zur Sicherung des Anspruchs auf Löschung [*kann in Ausnahme von dem Voreintragungsgrundsatz des § 39 GBO und in Erweiterung des § 883, weil der Eigentümer noch nicht Inhaber der künftigen Eigentümergrundschuld ist*] eine Vormerkung [*bei dem betroffenen Recht*] in das Grundbuch eingetragen werden [*§§ 883, 885*], wenn demjenigen, zu dessen Gunsten die Eintragung vorgenommen werden soll,

1. ein anderes gleichrangiges oder nachrangiges Recht als eine Hypothek, Grundschuld oder Rentenschuld am Grundstück zusteht [*er mithin Nießbraucher, Vorkaufsberechtigter oder Inhaber einer Dienstbarkeit bzw. Reallast ist*] oder
2. [*als Gläubiger des Grundstückseigentümers*] ein [*schuldrechtlicher*] Anspruch auf Einräumung eines solchen anderen Rechts [*iSv Nr. 1*] oder [*z. B. ein Auflassungsanspruch*] auf Übertragung des Eigentums am Grundstück zusteht; der Anspruch kann auch ein künftiger oder bedingter sein.

[*Bezüglich der Wirkung der Löschungsvormerkung gelten die §§ 883 II, 888: tritt der Eigentümer nach der Vereinigung die Eigentümergrundschuld ab oder überträgt er das Grundstückseigentum, so schuldet er seinem Vertragspartner weiterhin Löschung und der eingetragene Erwerber Zustimmung, § 888, hierzu.*]

§ 1179a (Vormerkungsgesicherter gesetzlicher Löschungsanspruch der Grundpfandgläubiger)

(I[1]) Der [*jeweilige Inhaber, vgl. § 1179b, eines nach- oder gleichrangigen Grundpfandrechts, also der*] Gläubiger einer Hypothek [*oder Grundschuld, § 1192, oder Rentenschuld, §§ 1199 I, 1192 I*] kann [*kraft des gesetzlichen Inhalts des nach- oder gleichrangigen Grundpfandrechts*] von [*dem Schuldner des gesetzlichen Löschungsanspruchs, also*] dem Eigentümer [*des Grundstücks, der durch die Vormerkungswirkung des S 3 m. §§ 883 II, 888 auch nach Abtretung der Eigentümergrundschuld Schuldner bezüglich der zur Zeit seines Eigentums eintretenden Vereinigungsfälle bleibt*] verlangen, daß dieser eine vorrangige oder gleichrangige Hypothek löschen läßt [*§§ 875, 1183*], wenn sie im Zeitpunkt der Eintragung der Hypothek [*bzw. §§ 1192, 1199*] des Gläubigers mit dem Eigentum in einer Person vereinigt ist [*und zur Eigentümergrundschuld, vgl. §§ 1163 I 2, 1143 und Abs. II, wird*] oder eine solche Vereinigung später eintritt [*Ausnahme: § 1196 III*]. ([2]) Ist das [*Grundstücks-*]Eigentum nach Eintragung der nach Satz 1 begünstigten Hypothek [*oder §§ 1192, 1199*] durch Sondernachfolge auf einen anderen [*z. B. nach § 925*] übergegangen, so ist [*als Schuldner des gesetzlichen Löschungsanspruchs*] jeder [*also der alte und der neue*] Eigentümer wegen der zur Zeit seines Eigentums bestehenden Vereinigung zur Löschung verpflichtet. ([3]) Der [*gesetzliche*] Löschungsanspruch [*aus S 1, 2, der nicht* *selbständig abgetreten werden kann und mit der Vereinigung entsteht*] ist [*auch ohne Grundbucheintragung ab diesem Zeitpunkt*] in gleicher Weise gesichert, als wenn zu seiner Sicherung gleichzeitig mit der begünstigten Hypothek eine Vormerkung [*§§ 883 II, 888*] in das Grundbuch eingetragen worden wäre.

(II[1]) Die Löschung einer Hypothek, die nach § 1163 Abs. 1 Satz 1 [*als vorläufige Eigentümergrundschuld*] mit dem Eigentum in einer Person vereinigt ist, kann nach Absatz 1 erst verlangt werden, wenn sich ergibt, daß die zu sichernde Forderung [*endgültig*] nicht mehr entstehen wird; der Löschungsanspruch [*und die Vormerkungswirkung nach Abs. I S 3*] besteht von diesem Zeitpunkt ab jedoch auch [*rückwirkend*] wegen der vorher bestehenden Vereinigungen [*ins. der vorher nach §§ 1163 I 1 entstandenen vorläufigen Eigentümergrundschuld*]. ([2]) Durch die Vereinigung einer [*Brief-*]Hypothek [*als vorläufige Eigentümergrundschuld*] mit dem Eigentum nach § 1163 Abs. 2 [*wegen noch fehlender Briefübergabe*] wird ein [*vormerkungsgesicherter Löschungs-*]Anspruch nach Absatz 1 nicht begründet.

(III) Liegen bei der begünstigten [*gleich- oder nachrangigen*] Hypothek die Voraussetzungen des § 1163 vor [*ist sie mithin in Wirklichkeit Eigentümergrundschuld*], ohne daß das Recht [*die Eigentümergrundschuld*] für [*den wahren Inhaber, nämlich*] den Eigentümer [*des Grundstücks*] oder seinen Rechtsnachfolger [*dem er sie z. B. abgetreten hatte, §§ 1154, 1192*] im Grundbuch eingetragen ist, so besteht [*bei Vereinigung*] der [*vormerkungsgesicherte gesetzliche*] Löschungsanspruch für den eingetragenen Gläubiger [*also den Buchhypothekar*] oder seinen Rechtsnachfolger [*im Widerspruch zum Wortlaut der Norm nach hM jedoch erst, wenn er das Grundpfandrecht von dem wahren Inhaber erworben hat. Vorher ist allein dieser, in der Regel also der Eigentümer, Gläubiger des gesetzlichen Löschungsanspruchs*].

(IV) Tritt eine Hypothek [*nach § 880*] im Range zurück, so sind auf die Löschung der ihr infolge der Rangänderung [*nunmehr*] vorgehenden oder gleichstehenden Hypothek die Absätze 1 bis 3 mit der Maßgabe entsprechend anzuwenden, daß [*bezüglich der Vereinigungen, die den gesetzlichen Löschungsanspruch begründen*] an die Stelle des Zeitpunkts der Eintragung des zurückgetretenen Rechts der Zeitpunkt der Eintragung der Rangänderung tritt.

(V[1]) Als Inhalt einer [*gleich- oder nachrangigen*] Hypothek, deren Gläubiger nach den vorstehenden Vorschriften ein Anspruch auf Löschung zusteht, kann [*durch Einigung und Grundbucheintrag, §§ 877, 873*] der Ausschluß dieses Anspruchs vereinbart werden; der Ausschluß kann auf einen bestimmten Fall der Vereinigung beschränkt werden. ([2]) Der Ausschluß ist unter Bezeichnung der Hypotheken, die dem Löschungsanspruch ganz oder teilweise nicht unterliegen, im Grundbuch anzugeben; ist der Ausschluß nicht für alle Fälle der Vereinigung vereinbart, so kann zur näheren Bezeichnung der erfaßten Fälle auf die Eintragungsbewilligung Bezug genommen werden. ([3]) Wird der Ausschluß aufgehoben, so entstehen dadurch nicht Löschungsansprüche für Vereinigungen, die nur vor dieser Aufhebung bestanden haben.

§ 1179b (Gesetzlicher Löschungsanspruch des Buchberechtigten)

(I) Wer als Gläubiger einer Hypothek [*Grundschuld, § 1192, oder Rentenschuld,*

§§ 1192 I, 1199] im Grundbuch eingetragen oder nach Maßgabe des § 1155 als Gläubiger ausgewiesen ist, kann [*nach Vereinigung, d. h. Umwandlung in eine Eigentümergrundschuld, als nunmehr Buchberechtigter*] von dem Eigentümer [*vgl. Abs. II m. § 1179a I 2*] die [*vormerkungsgesichterte, Abs. II m. § 1179a I 3*] Löschung dieser [*seiner vorher eigenen, aber jetzt in eine Eigentümergrundschuld umgewandelten*] Hypothek verlangen, wenn sie im Zeitpunkt ihrer Eintragung mit dem Eigentum in einer Person vereinigt ist oder eine solche Vereinigung [*z. B. nach §§ 1163 I 2, 1177 I*] später eintritt.

(II) § 1179a Abs. 1 Satz 2, 3, Abs. 2, 5 [*Ausschluß ist möglich*] ist entsprechend anzuwenden.

§ 1180 (Forderungsauswechslung)

(I[1]) An die Stelle der Forderung, für welche die Hypothek besteht, kann [*ohne Wechsel des Gläubigers; bei Wechsel: Abs. II*] eine andere Forderung [*durch rechtsgeschäftliche Auswechslung*] gesetzt werden. ([2]) Zu der Änderung ist die Einigung des Gläubigers und des Eigentümers sowie die Eintragung in das Grundbuch [*nicht aber die Zustimmung des Schuldners*] erforderlich; die Vorschriften des § 873 Abs. 2 und der §§ 876, 878 finden entsprechende Anwendung.

(II[1]) Steht die Forderung, die an die Stelle der bisherigen Forderung treten soll, nicht [*!*] dem bisherigen Hypothekengläubiger zu, so ist dessen Zustimmung [*neben der Einigung zwischen dem Eigentümer und dem neuen Gläubiger*] erforderlich; die Zustimmung [*des bisherigen Gläubigers*] ist dem Grundbuchamt oder demjenigen gegenüber zu erklären, zu dessen Gunsten sie erfolgt [*also Eigentümer oder neuer Gläubiger. Weiter ist die Eintragung im Grundbuch erforderlich*]. ([2]) Die Vorschriften des § 875 Abs. 2 und des § 876 finden entsprechende Anwendung. [*Folge: Die Hypothek geht auf den neuen Gläubiger über; die bisherige Forderung besteht ohne Hypothek weiter; § 1154 ist unanwendbar.*]

§ 1181 (Befriedigung durch Zwangsvollstreckung; Erlöschen)

(I) Wird der Gläubiger aus dem Grundstücke [*oder den nach §§ 1120 ff mithaftenden Gegenständen, namentlich Zubehör, vgl. Abs. III*] befriedigt [*durch Zwangsvollstreckung gemäß § 1147*], so erlischt die Hypothek [*mit dem Zuschlag gemäß § 91 I ZVG. Ist der Eigentümer zugleich der persönliche Schuldner, so erlischt mit der zwangsweisen Befriedigung auch die Forderung; ist er nicht zugleich der persönliche Schuldner, so geht die Forderung ohne Hypothek auf ihn über nach § 1143. Bei freiwilliger Zahlung durch den Eigentümer gilt § 1143*].

(II) Erfolgt die Befriedigung des Gläubigers aus einem der mit einer Gesamthypothek belasteten Grundstücke, so werden auch die übrigen Grundstücke frei [*Ausnahme: § 1182*].

(III) Der Befriedigung aus dem Grundstücke steht die Befriedigung aus den Gegenständen gleich, auf die sich die Hypothek erstreckt [*§§ 1120 ff*].

§ 1182 (Befriedigung bei Gesamthypothek)

([1]) Soweit im Falle einer Gesamthypothek [*vgl. § 1132 I 1*] der Eigentümer des

Grundstücks, aus dem der Gläubiger befriedigt wird, von dem Eigentümer eines der anderen Grundstücke oder einem Rechtsvorgänger dieses Eigentümers Ersatz verlangen kann, geht die Hypothek an dem Grundstücke dieses Eigentümers auf ihn über. (2) Die Hypothek kann jedoch, wenn der Gläubiger nur teilweise befriedigt wird, nicht zum Nachteile der dem Gläubiger verbleibenden Hypothek und, wenn das Grundstück mit einem im Range gleich- oder nachstehenden Rechte belastet ist, nicht zum Nachteile dieses Rechtes geltend gemacht werden [*Ausnahme von § 1181 II*].

§ 1183 (Aufhebung der Hypothek)

(1) Zur Aufhebung [*Folge: Erlöschen des Grundpfandrechtes; der Eigentümer erwirbt keine Eigentümergrundschuld, so daß nachrangige Grundpfandgläubiger aufrücken*] der Hypothek [*oder Grundschuld, § 1192*] durch Rechtsgeschäft ist [*nach §§ 875f zunächst die einseitige Aufgabeerklärung des Hypothekars gegenüber dem Grundbuchamt oder dem Eigentümer oder dem nachrangigen Grundpfandgläubiger, § 875 I 2, und zusätzlich*] die [*materiell-rechtliche, formlos gültige*] Zustimmung des Eigentümers [*dem das Grundstück z. Zt. der Aufgabe gehört*] erforderlich. (2) Die Zustimmung ist dem Grundbuchamt oder dem Gläubiger gegenüber zu erklären; sie ist [*abweichend von § 183*] unwiderruflich. [*§ 878 gilt analog. § 1183 ist zu unterscheiden vom Erlaß der Forderung, § 397, Folge: §§ 1163 I 2, 1177 I, und vom Verzicht auf die Hypothek, § 1168, Folge: Eigentümer erwirbt ebenfalls eine Eigentümergrundschuld, § 1177 I. Bei § 1183 bleibt die Forderung, z. B. § 607, bestehen.*]

§ 1184 (Sicherungshypothek: §§ 1184–1186)

(I) Eine [*Buch-, § 1185 I*]Hypothek [*§ 1113*] kann in der Weise [*rechtsgeschäftlich*] bestellt werden [*§§ 873, 1184 II*], daß das Recht des Gläubigers aus der Hypothek [*§ 1147*] sich [*in jeder Beziehung akzessorisch*] nur nach der Forderung bestimmt [*§ 1185 I*] und der Gläubiger sich zum Beweise der Forderung nicht [*gemäß § 891 iVm § 1138*] auf die Eintragung berufen kann (Sicherungshypothek) [*sondern gegebenenfalls die Beweislast dafür trägt, daß die Forderung besteht*].

(II) Die Hypothek muß im Grundbuch als »Sicherungshypothek« [*vgl. auch §§ 1187 S 2, 1190 III*] bezeichnet werden [*anderenfalls entsteht eine Verkehrshypothek, str. Nichtrechtsgeschäftliche Entstehung ohne Grundbucheintrag: u. a. § 1287 S 2, §§ 848 II, 866, 932 S 2 ZPO, § 54 FGG; §§ 1187 S 2, 1190 III; §§ 128, 130 ZVG*].

§ 1185 (Nur Buchhypothek)

(I) Bei der Sicherungshypothek ist die Erteilung des Hypothekenbriefs ausgeschlossen [*d. h. sie ist nur Buchhypothek, § 1116 II 1*].

(II) Die [*Gutglaubensschutz-*]Vorschriften der §§ 1138 [*kein gutgläubiger Erwerb bei Abtretung, wenn Forderung nicht besteht; Einreden erlöschen auch gutgläubigen Erwerbern gegenüber nicht*], 1139 [*Widerspruch*], 1141 [*Kündigung der Hypothek*], 1156 [*Rechtsverhältnis zwischen Eigentümer und neuem Gläubiger*] finden keine Anwendung. [*Im übrigen gelten die Regeln über die Verkehrsbuchhypothek: §§ 1113–1183.*]

§ 1186 (Umwandlung)

([1]) Eine Sicherungshypothek [*§ 1184*] kann in eine gewöhnliche [*Verkehrs-*]Hypothek, eine gewöhnliche [*Verkehrs-*]Hypothek kann in eine Sicherungshypothek umgewandelt werden [*§ 877 und § 1116 I, III*]. ([2]) Die Zustimmung der im Range gleich- oder nachstehenden Berechtigten ist nicht erforderlich.

§ 1187 (Hypothek für Inhaber- und Orderpapiere)

([1]) Für die Forderung aus einer Schuldverschreibung auf den Inhaber [*§§ 793 ff*], aus einem Wechsel oder aus einem anderen Papiere, das durch Indossament übertragen werden kann, kann nur eine Sicherungshypothek bestellt werden. ([2]) Die Hypothek gilt als Sicherungshypothek, auch wenn sie im Grundbuche nicht als solche bezeichnet ist. ([3]) Die Vorschrift des § 1154 Abs. 3 findet keine Anwendung. ([4]) Ein Anspruch auf Löschung der Hypothek nach den §§ 1179 a, 1179 b besteht nicht.

§ 1188 (Hypothek für Inhaberschuldverschreibungen)

(I) Zur Bestellung einer Hypothek für die Forderung aus einer Schuldverschreibung auf den Inhaber genügt die Erklärung des Eigentümers gegenüber dem Grundbuchamte, daß er die Hypothek bestelle, und die Eintragung in das Grundbuch; die Vorschrift des § 878 findet Anwendung.

(II[1]) Die Ausschließung des Gläubigers mit seinem Rechte nach § 1170 ist nur zulässig, wenn die im § 801 bezeichnete Vorlegungsfrist verstrichen ist. ([2]) Ist innerhalb der Frist die Schuldverschreibung vorgelegt oder der Anspruch aus der Urkunde gerichtlich geltend gemacht worden, so kann die Ausschließung erst erfolgen, wenn die Verjährung eingetreten ist.

§ 1189 (Grundbuchvertreter)

(I[1]) Bei einer Hypothek der im § 1187 bezeichneten Art kann für den jeweiligen Gläubiger ein Vertreter mit der Befugnis bestellt werden, mit Wirkung für und gegen jeden späteren Gläubiger bestimmte Verfügungen über die Hypothek zu treffen und den Gläubiger bei der Geltendmachung der Hypothek zu vertreten. ([2]) Zur Bestellung des Vertreters ist die Eintragung in das Grundbuch erforderlich.

(II) Ist der Eigentümer berechtigt, von dem Gläubiger eine Verfügung zu verlangen, zu welcher der Vertreter befugt ist, so kann er die Vornahme der Verfügung von dem Vertreter verlangen.

§ 1190 (Höchstbetragshypothek)

(I[1]) Eine [*Sonderform der Sicherungs-*]Hypothek [*Abs. III*] kann [*abweichend von § 1113 I*] in der Weise bestellt werden, daß [*wechselnde Forderungen, z. B. aus § 355 HGB, gesichert werden und*] nur der Höchstbetrag [*der Forderung*], bis zu dem das Grundstück haften soll, bestimmt, im übrigen die »Feststellung der Forderung« [*durch Vertrag, §§ 780, 781, oder Urteil*] vorbehalten wird. ([2]) Der Höchstbetrag muß in das Grundbuch eingetragen werden. [*In Höhe der Differenz zwischen eingetrage-*

nem Höchstbetrag und der jeweiligen Forderungshöhe besteht eine verdeckte, auflösend bedingte Eigentümergrundschuld, die abtretbar und verpfändbar ist. Übertragung: § 1154 III iVm § 1153 I, vgl. Abs. IV.]

(II) Ist die Forderung verzinslich, so werden die Zinsen in den Höchstbetrag [*Abs. I S 2*] eingerechnet [*d.h. Zinsen werden nicht eingetragen, vgl. § 53 I 2 GBO*].

(III) Die Hypothek gilt [*kraft Gesetzes*] als Sicherungshypothek [*es gelten also die §§ 1184f, ins. § 1185 II*], auch wenn sie im Grundbuche nicht als solche bezeichnet ist [*Ausnahme von § 1184 II*].

(IV[1]) Die Forderung kann [*allein*] nach den für die Übertragung von Forderungen geltenden allgemeinen Vorschriften [*§§ 398ff; formlos*] übertragen werden [*Ausnahme von § 1153 I, II 1. HS*]. ([2]) Wird sie nach diesen Vorschriften [*§§ 398ff*] übertragen, so ist der Übergang der Hypothek ausgeschlossen [*Ausnahme von § 1153 I. Erfolgt die Übertragung der Forderung nach § 1154 III – Einigung und Eintragung –, so geht die Hypothek mit über, § 1153 I, II 1. HS*].

Zweiter Titel
Grundschuld
[§§ 1191–1198]

Rentenschuld
[§§ 1199–1203]

I. Grundschuld
[§§ 1191–1198]

§ 1191 (Begriff der Grundschuld)

(I) Ein Grundstück[*seigentum, ein Miteigentumsanteil iSv § 1114 und ein Erbbaurecht, § 11 ErbbauVO*] kann in der Weise belastet werden [*§§ 873, 1192, 1116*], daß an denjenigen, zu dessen Gunsten die Belastung erfolgt [*Grundschuldgläubiger*], eine bestimmte Geldsumme »aus« [*vgl. §§ 1147, 1192*] dem Grundstücke zu zahlen ist (Grundschuld) [*vgl. § 1192*].

(II) Die Belastung kann auch in der Weise erfolgen, daß Zinsen von der Geldsumme sowie andere Nebenleistungen »aus« [*§§ 1147, 1192*] dem Grundstücke zu entrichten sind [*vgl. § 1192*].

§ 1192 (Anwendung der Hypothekenvorschriften)

(I) Auf die [*nicht akzessorische*] Grundschuld [*§ 1191, auch § 1196*] finden die Vorschriften über die [*akzessorische*] Hypothek [*§§ 1113–1190*] entsprechende Anwendung, soweit sich nicht daraus ein anderes ergibt, daß die Grundschuld nicht eine Forderung voraussetzt.

[*1. Anwendbar sind ins. § 1116: Buchgrundschuld entsteht durch Einigung, Eintragung und Einigung über und Eintragung des Briefausschlusses; § 1117: Briefgrundschuld entsteht durch Einigung, Eintragung, § 873, und Briefübergabe, § 1117. Bis zur*

Briefübergabe: Eigentümergrundschuld nach § 1163 II; §§ 1120ff: bzgl. des Umfangs der Grundschuldhaftung; §§ 1142, 1143, str.: zahlt der Eigentümer, der auch Schuldner ist, »auf« die Grundschuld, so geht die Grundschuld auf ihn als Eigentümergrundschuld über. Die persönliche Forderung erlischt gleichzeitig. Zahlt er »auf« die Forderung, so erlischt nur die Forderung, nicht die Grundschuld. Aus dem Sicherungsvertrag bzw. aus § 812 I 2 2. Alt ist der Grundschuldgläubiger zur Rückübertragung verpflichtet. Zahlt der Eigentümer, der nicht zugleich persönlicher Schuldner ist, »auf die Grundschuld«, so geht die Grundschuld auf ihn als Eigentümergrundschuld über, §§ 1142, 1143 analog. Die persönliche Forderung bleibt bestehen, hM. Nach der zutreffenden Gegenansicht: Kein gesetzlicher Forderungsübergang, vielmehr § 1143 analog: der Eigentümer hat nur einen schuldrechtlichen Anspruch auf Abtretung. Zahlt der Eigentümer, der nicht zugleich persönlicher Schuldner ist »auf die Forderung«, so erlischt diese, § 362 I. Er kann aus dem Sicherungsvertrag oder aus § 812 I 2 2. Alt Rückübertragung verlangen; § 1147: Befriedigung durch zwangsweise Verwertung; Folge: § 1181; § 1150, § 1154: Übertragung der Briefgrundschuld durch Einigung, schriftliche Abtretungserklärung, § 1154 I 1, II, und Briefübergabe, § 1154 I 1. Übertragung der Buchgrundschuld: § 1154 III, Einigung und Eintragung; § 1155, § 892: gutgläubiger Erwerb bei Abtretung einer Briefgrundschuld; § 1156, § 1157: Einwendungen und Einreden aus dem dinglichen Rechtsverhältnis und dem Sicherungsvertrag, vgl. auch unten 3.; § 1168: Verzicht auf die Grundschuld; Folge: Eigentümergrundschuld; § 1169: Verzichtsanspruch z. B. iVm § 821; Erlöschen der Grundschuld: §§ 875, 1183, 1181.

2. Keine Anwendung finden ins. § 1113, § 1115 I 2. HS, § 1137, § 1138: aus dem persönlichen Forderungsverhältnis hat der Eigentümer keine Einreden; § 1139; § 1141 I 1; § 1153: Grundschuld und Forderung können getrennt abgetreten werden; § 1163 I 1: Grundschuld ist schon vor Valutierung Fremdgrundschuld; § 1163 I 2: Grundschuld bleibt trotz Tilgung Fremdgrundschuld; §§ 1164–1166; § 1173 I 2; § 1174; § 1177; § 1179a II 1, str.; § 1180 I; §§ 1184–1187; § 1190.

3. Ausgewählter Problembereich: Nichtvalutierung der Sicherungsgrundschuld. Ist die Sicherungsabrede nichtig oder die persönliche Forderung endgültig nicht zur Entstehung gelangt bzw. getilgt, so hat der Eigentümer einen Rückübertragungsanspruch aus dem Sicherungsvertrag oder aus § 812 I 2 2. Alt, der dem Anspruch aus §§ 1147, 1192 auch als Einrede, § 1157 S 1, entgegengesetzt werden kann. Gegenüber dem Erwerber der Sicherungsgrundschuld kann diese Einrede nur geltend gemacht werden, wenn er den Sicherungscharakter der Grundschuld und –!– ihre Nichtvalutierung kannte, §§ 1157 S 2, 892 I. Der Rückübertragungsanspruch geht nach Wahl des Eigentümers auf Löschung der Grundschuld durch Verzicht, § 1168 analog, bzw. durch Aufhebung, § 1183 analog, oder auf Rückübertragung, § 1154 analog.]

(II) Für Zinsen der Grundschuld [*vgl. §§ 1191 II, 1194, 1197 II*] gelten die Vorschriften über die Zinsen einer Hypothekenforderung [*ins. §§ 1115 I 1. HS, 1118, 1119 I, 1145 II, 1146, 1158, 1159, 1160 III, 1171 I 2, 1178; daneben: § 197: Verjährung; § 289*].

§ 1193 (Fälligkeit der Grundschuld)

(I[1]) Das Kapital der Grundschuld wird erst nach vorgängiger Kündigung fällig.

(2) Die Kündigung steht sowohl dem Eigentümer als dem Gläubiger zu. (3) Die Kündigungsfrist beträgt sechs Monate.

(II) Abweichende Bestimmungen sind zulässig.

§ 1194 (Zahlungsort)

Die Zahlung des Kapitals sowie der Zinsen und anderen Nebenleistungen hat, soweit nicht ein anderes bestimmt ist, an dem Orte zu erfolgen, an dem das Grundbuchamt seinen Sitz hat. [*Vgl. §§ 269, 270.*]

§ 1195 (Inhabergrundschuld)

(1) Eine Grundschuld kann in der Weise bestellt werden, daß der Grundschuldbrief auf den Inhaber ausgestellt wird. (2) Auf einen solchen Brief finden die Vorschriften über Schuldverschreibungen auf den Inhaber entsprechende Anwendung.

§ 1196 (Eigentümergrundschuld)

(I) Eine Grundschuld [*§§ 1191–1195; ins. anwendbar: § 1192*] kann auch für den [*Grundstücks-*]Eigentümer bestellt [*Voraussetzungen: Abs. II*] werden [*der dadurch ein beschränktes dingliches Recht an der eigenen Sache erwirbt. Besonderheiten gegenüber der Fremdgrundschuld: § 1197. Bei der Veräußerung des Grundstücks bleibt der Eigentümer Grundschuldgläubiger; die Eigentümergrundschuld wandelt sich automatisch in eine Fremdgrundschuld. Übertragung erfolgt nach §§ 1154, 1192; Wirkung: Die Eigentümergrundschuld wird zur Fremdgrundschuld. Kraft Gesetzes entsteht eine Eigentümergrundschuld nach §§ 1163, 1177; 1168, 1170–1173 etc.*].

(II) Zu der [*rechtsgeschäftlichen*] Bestellung ist die [*einseitige, formlose, vgl. aber § 29 I 1 GBO*] Erklärung des Eigentümers gegenüber dem Grundbuchamte [*vgl. § 130 III*], daß die Grundschuld für ihn in das Grundbuch eingetragen werden soll, und die Eintragung erforderlich; die Vorschrift des § 878 findet Anwendung. [*Der Bucheigentümer kann mangels Verkehrsgeschäftes nicht nach § 892 I 1 erwerben.*]

(III) Ein Anspruch auf Löschung der Grundschuld [*für nach- oder gleichrangige Grundpfandgläubiger*] nach § 1179a oder § 1179b besteht [*bei der ursprünglichen Eigentümergrundschuld nicht, sondern*] nur wegen solcher Vereinigungen der Grundschuld mit dem Eigentum in einer Person, die eintreten, nachdem die Grundschuld [*zumindest einmal*] einem anderen als dem Eigentümer [*als Fremdgrundschuld nach Abtretung*] zugestanden hat.

§ 1197 (Vollstreckungsausschluß)

(I) Ist der Eigentümer der Gläubiger [*der Grundschuld, vgl. § 1196*], so kann er nicht die Zwangsvollstreckung [*in sein Grundstück*] zum Zwecke seiner Befriedigung [*vgl. §§ 1147, 1192*] betreiben.

(II) Zinsen gebühren dem Eigentümer nur, wenn das Grundstück auf Antrag eines anderen zum Zwecke der Zwangsverwaltung [*§§ 146 ff ZVG*] in Beschlag genommen ist, und nur für die Dauer der Zwangsverwaltung.

§ 1198 (Umwandlung)

(1) Eine Hypothek kann [*rechtsgeschäftlich*] in eine Grundschuld, eine Grundschuld kann in eine Hypothek umgewandelt werden. [*Inhaltsänderung nach § 877: Einigung und Eintragung erforderlich. Nach GBO: §§ 19, 29; u. U. Briefvorlegung: §§ 41, 42 GBO*] (2) Die Zustimmung der im Range gleich- oder nachstehenden Berechtigten ist nicht erforderlich.

II. Rentenschuld

[§§ 1199–1203]

§ 1199 (Inhalt der Rentenschuld)

(I) Eine [*besondere Form der*] Grundschuld [*§§ 1191, 1192*] kann in der Weise bestellt werden [*§ 873, vgl. Abs. II*], daß [*nicht ein einmaliger Kapitalbetrag, sondern*] in regelmäßig wiederkehrenden Terminen eine bestimmte [*ablösbare, Abs. II, § 1201*] Geldsumme »aus« dem Grundstücke zu zahlen ist (Rentenschuld) [*bzgl. der Rentenzahlungen vgl. § 1200 I 1. HS*].

(II1) Bei der Bestellung der Rentenschuld muß der Betrag bestimmt werden, durch dessen Zahlung die Rentenschuld abgelöst werden kann. (2) Die Ablösungssumme [*vgl. § 1200 I 2. HS*] muß im Grundbuch angegeben werden.

§ 1200 (Anwendbare Vorschriften)

(I) Auf die einzelnen Leistungen [*§ 1199 I*] finden die für Hypothekenzinsen [*§ 197: Verjährung; §§ 289, 1115 I, 1119 I, 1145 II, 1158, 1159, 1160 III, 1178, 1194, 1197 II*], auf die Ablösungssumme [*§ 1199 II*] finden die für ein Grundschuldkapital [*§ 1192*] geltenden Vorschriften entsprechende Anwendung.

(II) Die Zahlung der Ablösungssumme [*§ 1199 II*] an den Gläubiger hat die gleiche Wirkung wie die Zahlung des Kapitals einer Grundschuld [*vgl. §§ 1143, 1192: also Erwerb der Rentenschuld durch den Grundstückseigentümer*].

§ 1201 (Ablösungsrecht)

(I) Das Recht zur Ablösung steht dem Eigentümer zu.

(II1) Dem Gläubiger kann das Recht, die Ablösung zu verlangen, nicht eingeräumt werden. (2) [*Nur*] Im Falle des § 1133 Satz 2 [*Gefährdung der Sicherheit*] ist der Gläubiger berechtigt, die Zahlung der Ablösungssumme aus dem Grundstücke zu verlangen.

§ 1202 (Kündigung)

(I1) Der Eigentümer kann das Ablösungsrecht erst nach vorgängiger Kündigung ausüben. (2) Die Kündigungsfrist beträgt sechs Monate, wenn nicht ein anderes bestimmt ist.

(II) Eine Beschränkung des Kündigungsrechts ist nur soweit zulässig, daß der

Eigentümer nach dreißig Jahren unter Einhaltung der sechsmonatigen Frist kündigen kann.

(III) Hat der Eigentümer gekündigt, so kann der Gläubiger nach dem Ablaufe der Kündigungsfrist die Zahlung der Ablösungssumme aus dem Grundstücke verlangen.

§ 1203 (Umwandlungen)

([1]) Eine Rentenschuld kann in eine gewöhnliche Grundschuld [*oder eine Hypothek, § 1186*], eine gewöhnliche Grundschuld kann in eine Rentenschuld umgewandelt werden [*§§ 873, 877*]. ([2]) Die Zustimmung der im Range gleich- oder nachstehenden Berechtigten ist nicht erforderlich.

Neunter Abschnitt
Pfandrecht an beweglichen Sachen

[§§ 1204–1258]

und an Rechten

[§§ 1273–1296, ins. an Forderungen, §§ 1279–1290]

Erster Titel
Pfandrecht an beweglichen Sachen

[§§ 1204–1258]

§ 1204 (Begriff des Pfandrechts)

(I) [*Eigentum, genauer: das Eigentum, Miteigentum und das Anwartschaftsrecht des Eigentumsvorbehaltskäufers*] Eine bewegliche [*auch unpfändbare, § 811 ZPO*] Sache [*nicht: die Urkunden des § 952, z. B. Hypothekenbrief, Kfz-Brief, Sparbuch*] kann zur Sicherung einer [*wirksamen, vgl. Abs. II, entstandenen und fortbestehenden Forderung – das Pfandrecht ist also streng akzessorisch und kann ohne zu sichernde Forderung weder entstehen noch fortbestehen oder übertragen werden, §§ 1204, 1252, 1250 I*] Forderung [*die keine Geldforderung zu sein braucht, sondern auch eine andere Forderung sein kann, sofern sie in eine Geldforderung übergehen kann*] in der Weise [*durch Vertrag: §§ 1205–1207, oder kraft Gesetzes: § 1257*] belastet werden, daß der [*Pfand-*]Gläubiger [*der stets zugleich Inhaber der gesicherten Forderung sein muß*] berechtigt ist, Befriedigung aus der Sache [*durch Verwertung im Wege des Verkaufes, vgl. §§ 1233 I, 1234–1240, 1245 f*] zu suchen (Pfandrecht).

(II) Das Pfandrecht kann auch für eine künftige [*z. Zt. – noch – nicht bestehende*] oder eine bedingte [*§ 158 I*] Forderung [*nach §§ 1205, 1206*] bestellt werden [*das aber erst mit der Forderung entsteht und nach § 1209 den Rang nach dem Zeitpunkt seiner Bestellung erhält*].

§ 1205 (Bestellung des Pfandrechts)

(I[1]) Zur [*rechtsgeschäftlichen*] Bestellung [*Gegensatz: § 1257*] des Pfandrechts [*durch den Eigentümer. Anders: § 1207 – Verpfändung durch Nichteigentümer*] ist erforderlich, daß der Eigentümer die Sache dem [*Pfand-*]Gläubiger [*körperlich, §§ 854, 855*] übergibt [*oder die Übergabe nach Maßgabe des S 2, Abs. II, § 1206 ersetzt*] und beide [*formfrei, abstrakt dinglich*] darüber einig sind [*§§ 104–185; § 328 analog ist unanwendbar*], daß dem Gläubiger das Pfandrecht [*nach den Kriterien des § 1204*] zustehen soll. [*Hinzukommen muß, daß die gesicherte Forderung besteht.*] (2) Ist der [*Pfand-*]Gläubiger [*bereits*] im Besitze der Sache [*einerlei, ob als unmittelbarer Alleinbesitzer, §§ 854, 855; als Mitbesitzer, § 1206; oder als mittelbarer Besitzer, sofern nicht der Verpfänder sein Besitzmittler ist*], so genügt die [*bloße*] Einigung über die Entstehung des Pfandrechts.

(II) Die Übergabe einer im mittelbaren Besitze [*§ 868*] des Eigentümers befindlichen Sache kann dadurch ersetzt werden, daß der Eigentümer den mittelbaren Besitz auf den Pfandgläubiger überträgt [*nach § 870 durch Abtretung des Herausgabeanspruchs*] und [*zusätzlich!*] die Verpfändung dem Besitzer anzeigt [*§ 130*]. [*Übergabeersatz und § 930, Vereinbarung eines Besitzmittlungsverhältnisses, sind ausgeschlossen, vgl. auch § 1207! Erlöschen des Pfandrechts: §§ 1250 II, 1252, 1253, 1255, 1256 I 1; ferner z. B. §§ 418 I, 936, 945, 949, 158, 163. Folge: § 1223. Schutz des Pfandrechts: §§ 859 ff und § 1227 iVm §§ 985 ff.*]

§ 1206 (Einräumung gesamthänderischen Mitbesitzes)

Anstelle der Übergabe der Sache genügt die Einräumung des Mitbesitzes, wenn sich die Sache unter dem Mitverschlusse des Gläubigers befindet oder, falls sie im Besitz eines Dritten ist, die Herausgabe nur an den Eigentümer und den Gläubiger gemeinschaftlich erfolgen kann.

§ 1207 (Erwerb des Pfandrechts kraft guten Glaubens)

Gehört die [*vertraglich verpfändete – zum gutgläubigen Erwerb des Werkunternehmerpfandrechts, vgl. § 1257*] Sache nicht dem Verpfänder [*besteht aber die Forderung, sind ferner die Bestellungsvoraussetzungen der §§ 1205, 1206 erfüllt und hat außerdem der Eigentümer keine Verpfändungsermächtigung erteilt, §§ 185 I, 183*], so finden auf die Verpfändung [*von einem Nichteigentümer, die eine Entstehung des Pfandrechts im Wege gutgläubigen Erwerbs bewirken kann*] die für den [*gutgläubigen*] Erwerb des Eigentums geltenden Vorschriften der §§ 932 [*der Erwerber muß gutgläubig, § 932 II, hinsichtlich des Eigentums des Verpfänders sein. Erfolgt die Verpfändung nach §§ 1205 I 1, 1206 1. Alt gilt § 932 I 1; für § 1205 I 2 gilt § 932 I 2*], 934 [*wenn die Verpfändung nach §§ 1205 II, 1206 2. Alt erfolgt*], 935 [*kein gutgläubiger Pfandrechtserwerb, wenn die Sache dem Besitzer abhanden gekommen ist*] entsprechende Anwendung. [*Nicht: § 933, weil eine Pfandbestellung analog § 930 nicht zugelassen ist. Trotz Bösgläubigkeit und/oder Abhandenkommens erwirbt der Pfandgläubiger, wenn der Eigentümer die schwebend unwirksame Verpfändung genehmigt, §§ 185 II 1 1. Alt, 184 I. Sondervorschriften: §§ 366 I, 367 II HGB. Ausgleich für den Rechtsverlust, str.: § 816 I.*]

§ 1208 (Gutgläubiger Erwerb des Vorrangs)

(¹) Ist die [*verpfändete*] Sache [*bereits*] mit dem Rechte eines Dritten belastet [*ins. mit §§ 1204, 1030*], so geht das [*durch den Eigentümer, §§ 1205, 1206, oder durch den Nichteigentümer, § 1207, bestellte*] Pfandrecht [*an derselben Sache*] dem Rechte [*im Range*] vor [*das andere Recht erlischt also nicht, sondern tritt im Range zurück*], es sei denn, daß der Pfandgläubiger zur Zeit des Erwerbes des Pfandrechts in Ansehung des Rechtes nicht in gutem Glauben ist. (²) Die Vorschriften des § 932 Abs. 1 Satz 2, des § 935 und des § 936 Abs. 3 finden entsprechende Anwendung [*so daß selbst der gutgläubige Pfandgläubiger dann kein vorrangiges Pfandrecht erlangen kann*].

§ 1209 (Rang des Pfandrechts)

Für den Rang des Pfandrechts [*im Verhältnis zu allen Pfandrechtsarten*] ist die Zeit der [*rechtsgeschäftlichen*] Bestellung [*nach § 1205*] auch dann maßgebend [*Ausnahme: § 1208 und § 366 II HGB*], wenn es für eine künftige oder eine bedingte Forderung [*nach § 1204 II*] bestellt ist.

§ 1210 (Haftungsumfang)

(I¹) Das Pfand haftet [*soweit vertraglich nicht Abweichendes vereinbart ist*] für die Forderung in deren jeweiligem Bestand, insbesondere auch für Zinsen und Vertragsstrafen. (²) Ist der persönliche Schuldner nicht der Eigentümer des Pfandes, so wird durch ein Rechtsgeschäft, das der Schuldner nach der Verpfändung vornimmt, die Haftung nicht erweitert.

(II) Das Pfand haftet für die Ansprüche des Pfandgläubigers auf Ersatz von Verwendungen, für die dem Pfandgläubiger zu ersetzenden Kosten der Kündigung und der Rechtsverfolgung sowie für die Kosten des Pfandverkaufs.

§ 1211 (Einreden des Verpfänders)

(I¹) Der Verpfänder kann dem Pfandgläubiger gegenüber die dem persönlichen Schuldner gegen die Forderung sowie die nach § 770 einem Bürgen zustehenden Einreden geltend machen. (²) Stirbt der persönliche Schuldner, so kann sich der Verpfänder nicht darauf berufen, daß der Erbe für die Schuld nur beschränkt haftet.

(II) Ist der Verpfänder nicht der persönliche Schuldner, so verliert er eine Einrede nicht dadurch, daß dieser auf sie verzichtet. [*§ 1211 entspricht § 1137. Vgl. § 1137 m. Anm., die sinngemäß gilt.*]

§ 1212 (Erstreckung auf Erzeugnisse der Pfandsache)

Das Pfandrecht erstreckt sich auf die Erzeugnisse [*§ 99 I*], die von dem Pfande getrennt werden [*auch wenn ein Dritter mit der Trennung nach § 953 ff Eigentum erwirbt. Zur Haftung des Erlöses: §§ 1219 II, 1247. Unterschiede zur Erstreckung der Hypothekenhaftung, vgl. §§ 1120–1130, ins. Zubehör und Versicherungsforderungen unterliegen nicht der Pfandhaftung*].

§ 1213 (Nutzungspfandrecht)

(I) Das Pfandrecht kann in der Weise [*nach § 1205*] bestellt werden [*Vermutung in Abs. II*], daß der Pfandgläubiger berechtigt ist, die Nutzungen [*§§ 99, 100*] des Pfandes zu ziehen [*Folge: ins. § 954 – Eigentumserwerb an Erzeugnissen*].

(II) Ist eine von Natur fruchttragende Sache dem Pfandgläubiger zum Alleinbesitz übergeben, so ist im Zweifel anzunehmen, daß der Pfandgläubiger zum Fruchtbezuge berechtigt sein soll.

§ 1214 (Pflichten des Nutzungspfandgläubigers)

(I) Steht dem Pfandgläubiger das Recht zu, die Nutzungen zu ziehen [*§ 1213*], so ist er verpflichtet, für die Gewinnung der Nutzungen [*§ 100*] zu sorgen [*bei Pflichtverletzung Schadensersatz*] und Rechenschaft [*§§ 259, 261*] abzulegen.

(II) Der Reinertrag der Nutzungen wird auf die geschuldete Leistung und, wenn Kosten und Zinsen zu entrichten sind, zunächst auf diese angerechnet.

(III) Abweichende Bestimmungen sind zulässig.

§ 1215 (Verwahrungspflicht)

Der Pfandgläubiger ist [*dem Verpfänder – nicht dem Eigentümer – aus dem gesetzlichen Schuldverhältnis*] zur Verwahrung des Pfandes verpflichtet [*§§ 688ff, ins. §§ 691, 692, 694 sind entsprechend anwendbar, aber nicht § 690 und § 695. Rückgabe allein nach § 1223. Bei Pflichtverletzung Schadensersatz aus §§ 280ff, §§ 284ff oder pVV. Verjährung: § 1226*].

§ 1216 (Verwendungsersatz)

([1]) Macht der Pfandgläubiger Verwendungen [*Begriff: § 994 m. Anm.*] auf das Pfand, so bestimmt sich die Ersatzpflicht des Verpfänders [*nicht Eigentümers!*] nach den Vorschriften über die Geschäftsführung ohne Auftrag [*wohl Rechtsgrundverweisung auf §§ 683, 670 bzw. § 684 S 1 oder §§ 687 II 2, 684 S 1*]. ([2]) Der Pfandgläubiger ist berechtigt, eine Einrichtung, mit der er das Pfand versehen hat, wegzunehmen [*§ 258. Verjährung: § 1226*].

§ 1217 (Schutzrechte des Verpfänders)

(I) Verletzt der Pfandgläubiger die Rechte des Verpfänders in erheblichem Maße und setzt er das verletzende Verhalten ungeachtet einer Abmahnung des Verpfänders fort, so kann der Verpfänder verlangen, daß das Pfand auf Kosten des Pfandgläubigers hinterlegt oder, wenn es sich nicht zur Hinterlegung eignet, an einen gerichtlich zu bestellenden Verwahrer abgeliefert wird.

(II[1]) Statt der Hinterlegung oder der Ablieferung der Sache an einen Verwahrer kann der Verpfänder die Rückgabe des Pfandes gegen Befriedigung des Gläubigers verlangen. ([2]) Ist die Forderung unverzinslich und noch nicht fällig, so gebührt dem Pfandgläubiger nur die Summe, welche mit Hinzurechnung der gesetzlichen

Zinsen für die Zeit von der Zahlung bis zur Fälligkeit dem Betrage der Forderung gleichkommt.

§ 1218 (Drohender Verderb)

(I) Ist der Verderb des Pfandes oder eine wesentliche Minderung des Wertes zu besorgen, so kann der Verpfänder die Rückgabe des Pfandes gegen anderweitige Sicherheitsleistung verlangen; die Sicherheitsleistung durch Bürgen ist ausgeschlossen.

(II) Der Pfandgläubiger hat dem Verpfänder von dem drohenden Verderb unverzüglich Anzeige zu machen, sofern nicht die Anzeige untunlich ist.

§ 1219 (Vorzeitige Versteigerung)

(I) Wird durch den drohenden Verderb des Pfandes oder durch eine zu besorgende wesentliche Minderung des Wertes die Sicherheit des Pfandgläubigers gefährdet, so kann dieser das Pfand öffentlich versteigern lassen.

(II[1]) Der Erlös tritt an die Stelle des Pfandes. ([2]) Auf Verlangen des Verpfänders ist der Erlös zu hinterlegen.

§ 1220 (Androhung der Versteigerung)

(I[1]) Die Versteigerung des Pfandes ist erst zulässig, nachdem sie dem Verpfänder angedroht worden ist; die Androhung darf unterbleiben, wenn das Pfand dem Verderb ausgesetzt und mit dem Aufschube der Versteigerung Gefahr verbunden ist. ([2]) Im Falle der Wertminderung ist außer der Androhung erforderlich, daß der Pfandgläubiger dem Verpfänder zur Leistung anderweitiger Sicherheit eine angemessene Frist bestimmt hat und diese verstrichen ist.

(II) Der Pfandgläubiger hat den Verpfänder von der Versteigerung unverzüglich zu benachrichtigen; im Falle der Unterlassung ist er zum Schadensersatze verpflichtet.

(III) Die Androhung, die Fristbestimmung und die Benachrichtigung dürfen unterbleiben, wenn sie untunlich sind.

§ 1221 (Freihändiger Verkauf)

Hat das Pfand einen Börsen- oder Marktpreis, so kann der Pfandgläubiger den Verkauf aus freier Hand durch einen zu solchen Verkäufen öffentlich ermächtigten Handelsmäkler oder durch eine zur öffentlichen Versteigerung befugte Person zum laufenden Preise bewirken.

§ 1222 (Gesamtpfandrecht)

Besteht das Pfandrecht an mehreren Sachen, so haftet jede für die ganze Forderung [*vgl. § 1230*].

§ 1223 (Rückgabepflicht)

(I) Der Pfandgläubiger ist verpflichtet, das Pfand nach dem Erlöschen des Pfandrechts [*vgl. ins. §§ 418 I, 936, 1242 II, 1244, 1250 II, 1252 ff, 1255, 1256 I 1*] dem Verpfänder zurückzugeben. [*Bei Pflichtverletzung, vgl. § 1215 m. Anm. Die Ansprüche eines vom Verpfänder verschiedenen Eigentümers ergeben sich aus § 985.*]

(II) Der Verpfänder [*der zugleich Schuldner und/oder Eigentümer sein kann*] kann die Rückgabe des Pfandes [*Zug um Zug*] gegen Befriedigung [*Zahlung der Forderung. Folge: § 1225*] des Pfandgläubigers verlangen, sobald [*Entstehung des Einlösungsrechts*] der Schuldner zur Leistung berechtigt [*§ 271 II*] ist [*vgl. auch § 1249*].

§ 1224 (Befriedigung durch Hinterlegung oder durch Aufrechnung)

Die Befriedigung des Pfandgläubigers durch den Verpfänder [*der nicht zugleich persönlicher Schuldner ist*] kann auch durch Hinterlegung [*§§ 372 ff*] oder durch Aufrechnung [*§§ 387 ff*] erfolgen [*vgl. auch § 1142 m. Anm. Wirkung: § 1225*].

§ 1225 (Übergang der Forderung auf den Verpfänder)

[*Ist der zahlende Verpfänder zugleich Schuldner, so erlischt mit der Forderung, § 362 I, auch das Pfandrecht, § 1252.*] (1) Ist der Verpfänder nicht der persönliche Schuldner, so geht, soweit er den Pfandgläubiger befriedigt [*nach §§ 1223 II, 1224 oder 1247*], [*kraft Gesetzes*] die Forderung [*und das Pfandrecht, §§ 412, 1250 I, 1256 !*] auf ihn über. (2) Die für einen Bürgen geltenden Vorschriften des § 774 [*Abs. I S 2, 3 und Abs. II, § 426 iVm §§ 412, 401, 1250*] finden entsprechende Anwendung. [*Teilbefriedigung, § 774 I 2, und Befreiungseinwendung, § 774 I 3, entsprechen § 1143 m. Anm. § 774 II: zwischen mehreren Verpfändern erfolgt gesamtschuldnerischer Ausgleich, § 426. Befriedigt einer von mehreren Verpfändern den Pfandgläubiger, so geht das fremde Pfandrecht nur in Höhe des Innenausgleichs über. Der gesamtschuldnerische Ausgleichsgedanke gilt auch, wenn für eine Forderung durch verschiedene Personen eine Hypothek und ein Pfandrecht bestellt worden sind: derjenige Eigentümer, der zuerst an den Gläubiger leistet, erwirbt das andere Sicherungsrecht im Zweifel nur zur Hälfte, § 426 I. Ist für die pfandgesicherte Forderung zugleich eine Bürgschaft, § 765, bestellt worden und befriedigt der Verpfänder den Gläubiger, so erlischt die Bürgschaft, sehr str., vgl. § 774 II m. Anm.*]

§ 1226 (Verjährung der Ersatzansprüche)

(1) Die Ersatzansprüche des Verpfänders [*nach §§ 1215, 1217, 1218*] wegen Veränderungen oder Verschlechterungen des Pfandes sowie die Ansprüche des Pfandgläubigers auf Ersatz von Verwendungen [*nach § 1216*] oder auf Gestattung der Wegnahme einer Einrichtung verjähren [*§ 222*] in sechs Monaten. (2) Die Vorschriften des § 558 Abs. 2, 3 finden entsprechende Anwendung.

§ 1227 (Schutz des Pfandrechts)

Wird das Recht des Pfandgläubigers beeinträchtigt [*ins. durch Besitzentziehung*], so finden auf die Ansprüche des Pfandgläubigers die für die Ansprüche aus dem

Eigentume [*§§ 985ff*] geltenden Vorschriften entsprechende Anwendung. [*Der Pfandgläubiger kann geltend machen: § 985; §§ 989ff; §§ 987ff nur bei § 1213; § 1004; § 1006; § 823 I als sonstiges Recht; Besitzschutzansprüche: §§ 858ff, ins. § 861; § 1007; ZwV: §§ 771 und 805 ZPO.*]

§ 1228 (Pfandverkauf)

(I) Die Befriedigung [*vgl. § 1247*] des Pfandgläubigers aus dem Pfande erfolgt durch Verkauf [*§§ 1233f, nach dem Eintritt der Pfandreife: Abs. II*].

(II¹) [*Pfandreife:*] Der Pfandgläubiger ist zum Verkaufe berechtigt, sobald die [*Geld-*]Forderung ganz oder zum Teil fällig [*vgl. § 271 I, II*] ist. (²) Besteht der geschuldete Gegenstand [*z. B. § 249 S 1*] nicht in Geld, so ist der Verkauf erst zulässig, wenn die Forderung in eine Geldforderung übergegangen ist [*z. B. nach §§ 249 S 2, 251; 283; 286. Verstoßfolge: § 1243 I; aber: § 1244*].

§ 1229 (Nichtigkeit der Verfallsvereinbarung)

Eine vor dem Eintritte der Verkaufsberechtigung getroffene Vereinbarung, nach welcher dem Pfandgläubiger, falls er nicht oder nicht rechtzeitig befriedigt wird, das Eigentum an der Sache zufallen oder übertragen werden soll, ist nichtig.

§ 1230 (Auswahl unter mehreren Pfändern)

(¹) Unter mehreren Pfändern [*§ 1222*] kann der Pfandgläubiger, soweit nicht ein anderes bestimmt ist, diejenigen auswählen, welche verkauft werden sollen [*Verstoßfolge: § 1243 II*]. (²) Er kann nur so viele Pfänder zum Verkaufe bringen, als zu seiner Befriedigung erforderlich sind [*Verstoßfolge: § 1243 I, aber § 1244*].

§ 1231 (Herausgabeanspruch bei Mitbesitz)

(¹) Ist der Pfandgläubiger nicht im Alleinbesitze [*§ 1206*] des Pfandes, so kann er nach dem Eintritte der Verkaufsberechtigung die Herausgabe des Pfandes zum Zwecke des Verkaufs fordern. (²) Auf Verlangen des Verpfänders hat an Stelle der Herausgabe die Ablieferung an einen gemeinschaftlichen Verwahrer zu erfolgen; der Verwahrer hat sich bei der Ablieferung zu verpflichten, das Pfand zum Verkaufe bereitzustellen.

§ 1232 (Verkaufsberechtigung bei mehreren Pfandgläubigern)

(¹) Der Pfandgläubiger ist nicht verpflichtet, einem ihm im Range nachstehenden Pfandgläubiger das Pfand zum Zwecke des Verkaufs herauszugeben. (²) Ist er nicht im Besitze des Pfandes, so kann er, sofern er nicht selbst den Verkauf betreibt, dem Verkaufe durch einen nachstehenden Pfandgläubiger nicht widersprechen.

§ 1233 (Verfahren)

(I) Der [*private*] Verkauf des Pfandes [*ohne gerichtliches Verfahren, Abs. II*] ist nach den Vorschriften der §§ 1234 bis 1240 zu bewirken. [*Vgl. zur Abdingbarkeit: §§ 1245, 1246.*]

(II) Hat der Pfandgläubiger für sein Recht zum Verkauf einen vollstreckbaren Titel [*aus dem Pfandrecht auf Duldung der Pfandverwertung, nicht aber aus der Forderung*] gegen den Eigentümer [*vgl. § 1248*] erlangt, so kann er den Verkauf [*statt nach §§ 1233 ff*] auch nach den für den Verkauf einer gepfändeten Sache geltenden Vorschriften [*§§ 814 ff ZPO*] bewirken lassen. [*§ 1244 gilt.*]

§ 1234 (Androhung des Verkaufs)

(I¹) Der Pfandgläubiger hat dem Eigentümer den Verkauf vorher anzudrohen und dabei den Geldbetrag zu bezeichnen, wegen dessen der Verkauf stattfinden soll. (²) Die Androhung kann erst nach dem Eintritte der Verkaufsberechtigung erfolgen; sie darf unterbleiben, wenn sie untunlich ist.

(II¹) Der Verkauf darf nicht vor dem Ablauf eines Monats nach der Androhung erfolgen. (²) Ist die Androhung untunlich, so wird der Monat von dem Eintritte der Verkaufsberechtigung an berechnet [*Verstoß gegen Abs. I, II: § 1243 II*].

§ 1235 (Öffentliche Versteigerung; freihändiger Verkauf)

(I) Der Verkauf des Pfandes [*iSd § 1233 I*] ist im Wege öffentlicher Versteigerung [*§ 383 III, durch den Pfandgläubiger, vertreten durch den Versteigerer*] zu bewirken. [*Sachmängelhaftung: § 461. Verstoßfolge: § 1243 I, kein Eigentumserwerb nach § 1244.*]

(II) Hat das Pfand einen Börsen- oder Marktpreis, so findet die Vorschrift des § 1221 Anwendung.

§ 1236 (Versteigerungsort)

(¹) Die Versteigerung hat an dem Orte zu erfolgen, an dem das Pfand aufbewahrt wird. (²) Ist von einer Versteigerung an dem Aufbewahrungsort ein angemessener Erfolg nicht zu erwarten, so ist das Pfand an einem geeigneten anderen Orte zu versteigern [*Verstoßfolge: § 1243 II*].

§ 1237 (Bekanntmachung, Benachrichtigung)

(¹) Zeit und Ort der Versteigerung sind unter allgemeiner Bezeichnung des Pfandes öffentlich bekanntzumachen [*Verstoßfolge: § 1243 I, aber § 1244*]. (²) Der Eigentümer und Dritte, denen Rechte an dem Pfande zustehen, sind besonders zu benachrichtigen; die Benachrichtigung darf unterbleiben, wenn sie untunlich ist [*Verstoßfolge: § 1243 II*].

§ 1238 (Verkaufsbedingungen)

(I) Das Pfand darf nur mit der Bestimmung verkauft werden, daß der Käufer den Kaufpreis sofort bar zu entrichten hat und seiner Rechte verlustig sein soll, wenn dies nicht geschieht.

(II¹) Erfolgt der Verkauf ohne diese Bestimmung, so ist der Kaufpreis als von dem Pfandgläubiger empfangen anzusehen; die Rechte des Pfandgläubigers gegen den Ersteher bleiben unberührt. (²) Unterbleibt die sofortige Entrichtung des Kaufpreises, so gilt das gleiche, wenn nicht vor dem Schlusse des Versteigerungstermins von dem Vorbehalte der Rechtsverwirkung Gebrauch gemacht wird.

§ 1239 (Mitbietungsrecht)

(I¹) Der Pfandgläubiger und der Eigentümer können bei der Versteigerung mitbieten. (²) Erhält der Pfandgläubiger den Zuschlag, so ist der Kaufpreis als von ihm empfangen anzusehen.

(II¹) Das Gebot des Eigentümers darf zurückgewiesen werden, wenn nicht der Betrag bar erlegt wird. (²) Das gleiche gilt von dem Gebote des Schuldners, wenn das Pfand für eine fremde Schuld haftet.

§ 1240 (Gold- und Silbersachen)

(I) Gold- und Silbersachen dürfen nicht unter dem Gold- oder Silberwerte zugeschlagen werden [*Verstoßfolge: § 1243 I, aber § 1244. Zum Verzicht: §§ 1245 II, 1246*].

(II) Wird ein genügendes Gebot nicht abgegeben, so kann der Verkauf durch eine zur öffentlichen Versteigerung befugte Person aus freier Hand zu einem den Gold- oder Silberwert erreichenden Preise erfolgen [*Verstoßfolge: Auch kein Eigentumserwerb nach § 1244*].

§ 1241 (Benachrichtigung)

Der Pfandgläubiger hat den Eigentümer von dem Verkaufe des Pfandes und dem Ergebnis unverzüglich zu benachrichtigen, sofern nicht die Benachrichtigung untunlich ist [*Verstoßfolge: § 1243 II*].

§ 1242 (Eigentumserwerb aufgrund rechtmäßiger Veräußerung)

(I¹) Durch die rechtmäßige Veräußerung [*iSd § 1243 I*] des Pfandes [*und wirksame Übereignung nach §§ 929 ff*] erlangt der Erwerber die gleichen Rechte [*unbelastetes, Abs. II, Eigentum*], wie wenn er die Sache von dem Eigentümer erworben hätte. (²) Dies gilt auch dann, wenn dem Pfandgläubiger der Zuschlag erteilt wird.

(II¹) Pfandrechte an der Sache erlöschen, auch wenn sie dem Erwerber bekannt waren. (²) Das gleiche gilt von einem Nießbrauch, es sei denn, daß er allen Pfandrechten im Range vorgeht [*vgl. §§ 1208, 1209, 1063 II*].

§ 1243 (Nicht rechtmäßige Veräußerung)

(I) Die Veräußerung des Pfandes ist nicht rechtmäßig [*iSd §§ 1242, 1244*], wenn gegen die Vorschriften des § 1228 Abs. 2 [*Pfandreife; Verstoßfolge: Eigentumserwerb nach § 1244 möglich*], des § 1230 Satz 2 [*Gesamtpfänder; Verstoßfolge: § 1244*], des § 1235 [*öffentliche Versteigerung; Verstoßfolge: auch kein Eigentumserwerb nach § 1244*], des § 1237 Satz 1 [*Bekanntmachung; Verstoßfolge: Eigentumserwerb entspr.*

§ 1244 möglich] oder des § 1240 [*Gold und Silber; Verstoßfolge: auch kein Eigentumserwerb nach § 1244*] verstoßen wird.

(II) Verletzt der Pfandgläubiger eine andere für den Verkauf geltende Vorschrift [*z. B. §§ 1230 S 1, 1234, 1236, 1237 S 2, 1238, 1239, 1241*], so [*erwirbt der Ersteigerer nach § 1242 Eigentum, nicht nach § 1244, aber*] ist er zum Schadensersatze [*aus pVV des gesetzlichen Schuldverhältnisses und aus § 823 I*] verpflichtet, wenn ihm ein Verschulden zur Last fällt.

§ 1244 (Gutgläubiger Erwerb des Pfandes)

Wird eine Sache als Pfand [*nicht als Eigentum, dann §§ 932 ff*] veräußert [*nach § 1233 II oder § 1235 I, II oder § 1240 II*], ohne daß dem Veräußerer ein Pfandrecht zusteht oder den Erfordernissen genügt wird, von denen [*nach § 1243 I*] die Rechtmäßigkeit der Veräußerung abhängt, so finden [*auf den unbelasteten, § 936, Eigentumserwerb des gutgläubigen Erwerbers*] die [*allgemeinen*] Vorschriften der §§ 932 [*Abs. II: guter Glaube an das Bestehen des Pfandrechts und die Rechtmäßigkeit der Veräußerung*] bis 934 [*nicht § 935: auch an gestohlenen Sachen kann Eigentum erworben werden*], 936 entsprechende Anwendung, wenn [*als Mindestvoraussetzungen, wenigstens, das Erfordernis einer öffentlichen Versteigerung, also*] die Veräußerung nach § 1233 Abs. 2 [*iVm §§ 814 ff ZPO*] erfolgt ist oder die Vorschriften des § 1235 oder des [*ordnungsgemäßen freihändigen Verkaufs nach*] § 1240 Abs. 2 beobachtet worden sind. [*Verstoßfolge: auch der gutgläubige Ersteher erwirbt kein Eigentum.*]

§ 1245 (Abweichende Vereinbarungen)

(I[1]) Der Eigentümer und der Pfandgläubiger können eine von den Vorschriften der §§ 1234 bis 1240 abweichende Art des Pfandverkaufs vereinbaren. ([2]) Steht einem Dritten an dem Pfande ein Recht zu, das durch die Veräußerung erlischt, so ist die Zustimmung des Dritten erforderlich. ([3]) Die Zustimmung ist demjenigen gegenüber zu erklären, zu dessen Gunsten sie erfolgt; sie ist unwiderruflich.

(II) Auf die Beobachtung der Vorschriften des § 1235, des § 1237 Satz 1 und des § 1240 kann nicht vor dem Eintritte der Verkaufsberechtigung verzichtet werden.

§ 1246 (Anspruch auf abweichende Verkaufsart)

(I) Entspricht eine von den Vorschriften der §§ 1235 bis 1240 abweichende Art des Pfandverkaufs nach billigem Ermessen den Interessen der Beteiligten, so kann jeder von ihnen verlangen, daß der Verkauf in dieser Art erfolgt.

(II) Kommt eine Einigung nicht zustande, so entscheidet das Gericht.

§ 1247 (Pfanderlös)

([1]) Soweit der [*Verwertungs-*]Erlös aus dem [*rechtmäßigen, § 1242*] Pfand[*verkauf*]e dem Pfandgläubiger zu seiner Befriedigung gebührt [*die gesicherte Forderung, § 1210, nicht übersteigt, S 2, und ein vorrangiges Recht nicht, S 2, vorhanden ist*], gilt die Forderung als von dem [*früheren*] Eigentümer berichtigt. [*Ist der Eigentümer nicht zugleich Schuldner, so geht sie auf ihn über, §§ 1249 S 2, 268 III analog. Anderenfalls erlischt sie.*] (²) Im übrigen [*bei Übererlös und Eigentumserwerb nach § 1244*] tritt der Erlös an die Stelle des Pfandes. [*Der frühere Eigentümer erwirbt kraft Gesetzes Alleineigentum am Erlös. Pfandrechte anderer Gläubiger setzen sich am Erlös fort.*]

§ 1248 (Eigentumsvermutung)

Bei dem Verkaufe des Pfandes gilt zugunsten des Pfandgläubigers der Verpfänder als der Eigentümer, es sei denn, daß der Pfandgläubiger weiß, daß der Verpfänder nicht der Eigentümer ist.

§ 1249 (Ablösungsrecht des Eigentümers etc.)

(¹) Wer durch die Veräußerung des Pfandes ein Recht »an dem Pfande« [*Eigentümer, der weder Verpfänder, sonst: § 1223 II, noch Schuldner, sonst: §§ 362 I, 1252, ist, und Inhaber beschränkt dinglicher Rechte, vgl. § 1242 I, II*] verlieren würde, kann den Pfandgläubiger befriedigen, sobald der Schuldner zur Leistung berechtigt ist [*vgl. § 271 II*]. (²) [*Rechtsfolgen der Zahlung kraft Ablösungsrechts:*] Die Vorschriften des § 268 Abs. 2, 3 [*Forderung und Pfandrecht, §§ 412, 1250 – Ausnahme: § 1256 – gehen über*] finden entsprechende Anwendung. [*Bei Zahlung nach § 267: §§ 362 I, 1252. Vgl. auch § 1223 II.*]

§ 1250 (Zusammenhang von Forderung und Pfandrecht)

(I¹) Mit der Übertragung der Forderung [*durch Abtretung nach § 398 oder nach § 835 II ZPO oder kraft Gesetzes nach § 412 iVm § 268 III, §§ 1249 S 2, 426 II, 774 I, 1143 S 1, 1225 S 1*] geht das [*akzessorische*] Pfandrecht [*kraft Gesetzes, zwingend – anders: § 401 I –*] auf den neuen Gläubiger über [*Folge: § 1251*]. (²) Das Pfandrecht »kann nicht« [*selbständig, d. h.*] ohne die Forderung übertragen werden. [*Eine abgetrennte Übertragung ist nichtig, § 134. Zum Vergleich: § 1153 II 2. HS.*]

(II) Wird bei der Übertragung der Forderung [*nach § 398*] der Übergang des Pfandrechts [*vertraglich*] ausgeschlossen, so [*ist die Forderungsabtretung wirksam, zum Vergleich: abw. § 1153 II 1. HS, jedoch*] erlischt [*§ 1223 I*] das Pfandrecht.

§ 1251 (Rechtsstellung des neuen Pfandgläubigers)

(I) Der neue Pfandgläubiger [*vgl. § 1250*] kann von dem bisherigen Pfandgläubiger die Herausgabe des Pfandes [*d. h. des Besitzes*] verlangen.

(II¹) [*Erst*] Mit der Erlangung des Besitzes [*Abs. I*] tritt der neue Pfandgläubiger [*kraft Gesetzes*] an Stelle des bisherigen Pfandgläubigers in die mit dem Pfandrechte verbundenen Verpflichtungen gegen den Verpfänder [*aus dem gesetzlichen Schuldverhältnis, z. B. §§ 1216, 1217, 1218*] ein. (²) Erfüllt er [*der neue Pfandgläubiger*] die Verpflichtungen nicht, so haftet für den von ihm zu ersetzenden Schaden [*z. B. aus pVV*] der bisherige [*alte*] Pfandgläubiger [*dem Verpfänder*] wie ein Bürge, der auf die Einrede der Vorausklage verzichtet hat [*§ 773 I Nr. 1, aber nur, wenn er die Forderung, nach § 398, abgetreten hat, S 3*]. (³) Die Haftung des bisherigen Pfandgläubigers [*nach § 773 I Nr. 1*] tritt nicht ein, wenn die Forderung kraft Gesetzes [*nach § 412*] auf den neuen Pfandgläubiger übergeht oder ihm auf Grund einer gesetzlichen Verpflichtung [*vgl. z. B. § 281*] abgetreten wird [*nach § 398*].

§ 1252 (Erlöschen des Pfandrechts durch Erlöschen der Forderung)

Das [*akzessorische*] Pfandrecht erlischt [*Wirkung: § 1223 I*] mit der Forderung, für die es besteht. [*Andere Erlöschensgründe: §§ 1253, 1255, 1256 und allgem. § 1223 m. Anm.*]

§ 1253 (Erlöschen durch Rückgabe)

(I[1]) Das Pfandrecht erlischt [*Wirkung: § 1223 I*], wenn der Pfandgläubiger das Pfand dem Verpfänder oder dem Eigentümer [*freiwillig*] zurückgibt [*Vermutung, Abs. II*]. ([2]) Der Vorbehalt der Fortdauer des Pfandrechts ist unwirksam.

(II[1]) Ist das Pfand im Besitze des Verpfänders oder des Eigentümers, so wird [*widerlegbar*] vermutet [*§ 292 ZPO*], daß das Pfand ihm von dem Pfandgläubiger zurückgegeben worden sei. ([2]) Diese Vermutung gilt auch dann, wenn sich das Pfand im Besitz eines Dritten befindet, der den Besitz nach der Entstehung des Pfandrechts von dem Verpfänder oder dem Eigentümer erlangt hat.

§ 1254 (Anspruch auf Rückgabe)

([1]) Steht dem Pfandrecht eine Einrede [*vgl. § 1211*] entgegen, durch welche die Geltendmachung des Pfandrechts dauernd ausgeschlossen wird [*z. B. §§ 821, 853. Nicht: § 222, Grund: § 223. Zu dauernden Einreden: vgl. § 1169 m. Anm.*], so kann der Verpfänder die Rückgabe des Pfandes [*Folge der Rückgabe: § 1253 I*] verlangen. ([2]) Das gleiche Recht hat der Eigentümer.

§ 1255 (Erlöschen durch Aufhebung)

(I) Zur Aufhebung des Pfandrechts durch Rechtsgeschäft genügt die Erklärung des Pfandgläubigers gegenüber dem Verpfänder oder dem Eigentümer, daß er das Pfandrecht aufgebe.

(II[1]) Ist das Pfandrecht mit dem Rechte eines Dritten belastet, so ist die Zustimmung des Dritten erforderlich. ([2]) Die Zustimmung ist demjenigen gegenüber zu erklären, zu dessen Gunsten sie erfolgt; sie ist unwiderruflich.

§ 1256 (Erlöschen durch Vereinigung von Pfandrecht und Eigentum)

(I[1]) Das Pfandrecht erlischt, wenn es [*nachträglich*] mit dem Eigentum in derselben Person zusammentrifft [*z. B. nach §§ 1249, 268 III, 412, 401, 1250*]. ([2]) Das Erlöschen tritt nicht ein, solange die Forderung, für welche das Pfandrecht besteht, mit dem Rechte eines Dritten [*§§ 1068, 1273*] belastet ist.

(II) Das Pfandrecht gilt als nicht erloschen, soweit der Eigentümer ein rechtliches Interesse an dem Fortbestehen des Pfandrechts hat [*z. B., wenn er die Forderung mit Pfandrecht weiterübertragen will. Ferner, wenn besondere gesetzliche Bestimmungen das Erlöschen bei Vereinigung ausschließen, z. B. §§ 1976, 1991 II, 2143, 2175, 2377*].

§ 1257 (Gesetzliches Pfandrecht)

Die Vorschriften [*§§ 1209ff; ins. 1228ff, 1250, 1256*] über das durch Rechtsgeschäft bestellte Pfandrecht finden auf ein kraft Gesetzes »entstandenes« [*also nicht, wenn es um die Entstehung des Pfandrechts geht; Entstehungsvorschriften, §§ 1207–1208, ins. die Gutglaubensvorschriften der §§ 1207, 1208 sind von der Verweisung ausgenommen*] Pfandrecht [*und damit auf §§ 233, 559: Vermieterpfandrecht; §§ 581 II, 585: Verpächterpfandrecht; § 590: Pächterpfandrecht; § 647: Werkunternehmerpfandrecht; § 704; §§ 397, 410, 411, 421, 440–443, 457 HGB*] entsprechende Anwendung. [*Umstritten ist, ob gesetzliche Besitzpfandrechte, ins. das Werkunternehmerpfandrecht, § 647, an bestellerfremden Sachen, gemäß § 1207 analog, gutgläubig erworben werden können. Auch eine Ermächtigung des Eigentümers, §§ 185 I, 183, zur Reparatur und Übergabe der Sache an den Werkunternehmer führt nicht zu einer Entstehung eines gesetzlichen Unternehmerpfandrechts an bestellerfremden Sachen. Verneinend: BGHZ 34, 153. Vgl. Anm. vor § 994 III. Für besitzlose gesetzliche Pfandrechte, z. B. §§ 559, 704, 585, scheidet gutgläubiger Erwerb nach allgM aus.*]

§ 1258 (Pfandrecht an Miteigentumsanteilen)

(I) Besteht ein Pfandrecht [*vgl. z. B. §§ 559, 949 oder § 1205*] an dem Anteil eines Miteigentümers [*§§ 1008ff, 741ff*], so übt der Pfandgläubiger die Rechte aus, die sich aus der Gemeinschaft der Miteigentümer [*§§ 741ff*] in Ansehung der Verwaltung der Sache [*§§ 744–746*] und der Art ihrer Benutzung [*§§ 745, 746*] ergeben.

(II[1]) Die Aufhebung der Gemeinschaft [*§§ 749ff*] kann vor [*S 2*] dem Eintritte der Verkaufsberechtigung des Pfandgläubigers [*§1228 II*] nur von dem Miteigentümer und dem Pfandgläubiger gemeinschaftlich verlangt werden. ([2]) Nach dem Eintritte der Verkaufsberechtigung kann der Pfandgläubiger [*allein*] die Aufhebung der Gemeinschaft verlangen, ohne daß es der Zustimmung des Miteigentümers bedarf; er ist nicht an eine Vereinbarung gebunden, durch welche die Miteigentümer das Recht, die Aufhebung der Gemeinschaft zu verlangen, für immer oder auf Zeit ausgeschlossen oder eine Kündigungsfrist bestimmt haben.

(III) Wird die Gemeinschaft aufgehoben [*vgl. §§ 749, 752*], so »gebührt« [*nur schuldrechtlicher Anspruch auf erneute Pfandbestellung; keine automatische Fortsetzung*] dem Pfandgläubiger das Pfandrecht an den Gegenständen, welche an die Stelle des Anteils treten.

(IV) Das Recht des Pfandgläubigers zum Verkaufe [*vgl. § 1235*] des Anteils bleibt [*neben dem Aufhebungsrecht aus Abs. II*] unberührt.

§§ 1259–1272 (aufgehoben)

Zweiter Titel
Pfandrecht an Rechten

[§§ 1273–1278; Pfandrecht an Forderungen: §§ 1279–1290; sie gelten auch für Pfandrecht an einer Grundschuld oder Rentenschuld, § 1291. Vom Pfandrecht an Wertpapieren handeln die §§ 1292–1296.]

§ 1273 (Grundsatz für Pfandrechte an Rechten)

(I) Gegenstand des Pfandrechts kann auch ein [*übertragbares, § 1274 II*] Recht sein [*also Forderungen, §§ 1279–1290, Auflassungsanwartschaft, Grundschuld, § 1291, Erbenanteil, § 2033, Wechsel, Scheck, Aktien, GmbH-Anteile, Urheber- und Patentrechte etc. Nicht: Grundstückseigentum, dafür: §§ 1113, 1191, 1199; Eigentum an beweglichen Sachen, dafür: §§ 1204 ff; Anwartschaftsrecht aus Eigentumsvorbehalt , dafür: §§ 1204 ff analog; Miteigentum an beweglichen Sachen, dafür: § 1204 mit § 1258; Wohnungseigentum; Erbbaurecht, dafür: §§ 1113, 1191. Verwertung: § 1277, bei Forderungen: §§ 1282–1290*].

(II[1]) Auf das Pfandrecht an Rechten finden die Vorschriften über das Pfandrecht an beweglichen Sachen [*§§ 1204–1258*] entsprechende Anwendung, soweit sich nicht aus den §§ 1274 bis 1296 ein anderes ergibt [*d. h. unanwendbar sind: § 1207 also grds. kein gutgläubiger Erwerb, es sei denn das verpfändete Recht selbst kann vom Nichtberechtigten erworben werden, z. B. nach § 2366, nach § 892 oder §§ 1138, 1155; § 1208 – vgl. S. 2 –, §§ 1212, 1213 II – vgl. S 2 –, § 1246, – vgl. §§ 1277 S 2, 1284 –*]. ([2]) Die Anwendung der Vorschriften des § 1208 [*gutgläubiger Erwerb des Vorrangs*] und des § 1213 Abs. 2 [*Nutzungspfandrecht*] ist ausgeschlossen.

§ 1274 (Bestellung des Pfandrechts)

(I[1]) Die Bestellung des Pfandrechts an einem Rechte [*§ 1273 I*] erfolgt nach den für die Übertragung des Rechtes geltenden Vorschriften [*also in der Regel durch formlosen Verpfändungsvertrag, §§ 398, 413; bei Forderungen ist zusätzlich die Verpfändungsanzeige, § 1280, erforderlich. Ist für die Übertragung eine bestimmte Form vorgeschrieben, z. B. §§ 1154, 2033 I 2, § 15 III GmbHG, so gilt sie auch für die Verpfändung*]. ([2]) Ist zur Übertragung des Rechtes die Übergabe einer Sache erforderlich [*z. B. zur Verpfändung einer Briefhypothek die Übergabe des Hypothekenbriefs, vgl. § 1154 I*], so finden die Vorschriften der §§ 1205, 1206 Anwendung [*also ins. der Übergabeersatz des § 930 ist ausgeschlossen*].

(II) Soweit ein Recht [*§ 1273 I*] nicht übertragbar ist [*z. B. §§ 399, 413, 514, 719, 847, 1018, 1103 I, 1110, 1300 II, 1419, 2033 II*], kann ein Pfandrecht an dem Rechte nicht bestellt werden.

§ 1275 (Pfandrecht an einem Recht auf Leistung)

Ist ein Recht, kraft dessen eine Leistung gefordert werden kann [*Forderung, § 241, Hypothek und Grundschuld, § 1291*], Gegenstand des Pfandrechts, so finden auf das Rechtsverhältnis zwischen dem Pfandgläubiger und dem Verpflichteten [*z. B. dem Schuldner der Forderung*] die [*Schuldnerschutz-*]Vorschriften, welche im

Falle der Übertragung des Rechtes für das Rechtsverhältnis zwischen dem Erwerber und dem Verpflichteten gelten [*ins. §§ 404–410; betr. Hypotheken vgl. §§ 1156, 1158 ff – Einwendungen des Schuldners*], und im Falle einer nach § 1217 Abs. 1 getroffenen gerichtlichen Anordnung die Vorschrift des § 1070 Abs. 2 entsprechende Anwendung. [*Bei Zahlung an den Gläubiger ist der Schuldner mithin gemäß §§ 1275, 407 geschützt. Vgl. auch § 1282.*]

§ 1276 (Aufhebung und Änderung des verpfändeten Rechtes)

(I[1]) [*Der Inhaber des gepfändeten Rechts ist in seiner Verfügungsbefugnis beschränkt, denn*] Ein verpfändetes Recht kann durch Rechtsgeschäft nur mit Zustimmung [*§§ 182–184*] des Pfandgläubigers aufgehoben werden [*mit der Folge, daß es erlischt. Aufhebung ohne Zustimmung ist schwebend unwirksam, §§ 185, 184, aber nur relativ gegenüber Pfandgläubiger – hM*]. ([2]) Die Zustimmung ist demjenigen gegenüber zu erklären, zu dessen Gunsten sie erfolgt; sie ist unwiderruflich. ([3]) Die Vorschrift des § 876 Satz 3 bleibt unberührt.

(II) Das gleiche gilt im Falle einer [*rechtsgeschäftlichen*] Änderung des Rechtes, sofern sie das Pfandrecht beeinträchtigt. [*Es bedarf also ebenfalls der Zustimmung des Pfandgläubigers. Bei der Verpfändung eines Erbteils bedarf auch die Verfügung über einzelne Nachlaßgegenstände der Zustimmung des Pfandgläubigers.*]

§ 1277 (Verwertung des Rechtes)

([1]) Der Pfandgläubiger kann [*nach Pfandreife, § 1228 II*] seine Befriedigung aus dem [*verpfändeten*] Rechte [*für Forderungen steht neben § 1277 die Verwertungsart der §§ 1281–1288 zur Wahl; für Grund- und Rentenschulden vgl. § 1291; für Wertpapiere vgl. §§ 1293–1295*] nur [*aber abweichende Privatvereinbarung*] auf Grund eines vollstreckbaren Titels [*gegen den Rechtsinhaber, der auf Duldung der Zwangsvollstreckung lauten muß*] nach den für die Zwangsvollstreckung geltenden Vorschriften [*§§ 803–807, 828 ff, 857 ZPO*] suchen, sofern nicht ein anderes [*z. B. Verkauf ohne Titel*] bestimmt ist. ([2]) Die Vorschriften des § 1229 [*Verbot der Verfallsvereinbarung*] und des § 1245 Abs. 2 [*von §§ 1235, 1237 S 1 und 1240 abweichende Vereinbarungen sind erst nach Eintritt der Verkaufsberechtigung zulässig*] bleiben unberührt [*und können auch durch abweichende Vereinbarung nicht aufgehoben werden*].

§ 1278 (Erlöschen durch Rückgabe der Sache)

Ist ein Recht [*z. B. Briefhypothek*], zu dessen Verpfändung die Übergabe einer Sache [*z. B. des Hypothekenbriefs*] erforderlich ist, Gegenstand des Pfandrechts, so finden auf das Erlöschen des Pfandrechts durch die Rückgabe der Sache die Vorschriften des § 1253 entsprechende Anwendung [*wird der Brief zurückgegeben, so erlischt das Pfandrecht. Kraft Gesetzes erlischt es ferner z. B. nach §§ 418 I, 1273 II iVm §§ 1250 II, 1252, 1255, 1256 I 1*].

§ 1279 (Pfandrecht an einer Forderung)

Für das Pfandrecht an einer [*verpfändbaren, § 1274 II*] Forderung [*und Grund-*

schuld, § 1291] gelten die besonderen Vorschriften der §§ 1280 bis 1290. [*Daneben gelten die allgemeinen Regeln der Rechtsverpfändung, §§ 1273–1278, nur, soweit dies nicht §§ 1280–1290 widerspricht. Über § 1273 II kommen auch die §§ 1204 ff zur Anwendung.*]

§ 1280 (Verpfändungsanzeige)

Die Verpfändung einer Forderung, zu deren Übertragung [*und Verpfändung: § 1274 I 1*] der [*formlose*] Abtretungsvertrag [*nach § 398, ohne zusätzliche Formvorschriften, wie z. B. §§ 1154, 1191*] genügt, ist nur wirksam, wenn der Gläubiger [*der verpfändeten Forderung, also der Verpfänder*] sie dem Schuldner anzeigt [*§ 130; sog. Verpfändungsanzeige. Ohne Anzeige ist die Verpfändung nichtig. Beachte: Für Sparbücher, §§ 607, 952, ist die Anzeige erforderlich, für Hypotheken, § 1154, nicht*].

§ 1281 (Leistung vor Fälligkeit der gesicherten Forderung)

([1]) Der Schuldner kann [*vor Eintritt der Fälligkeit der gesicherten Forderung, § 1228 – danach gilt § 1282*] nur an den Pfandgläubiger und den Gläubiger gemeinschaftlich [*vgl. § 1285 I*] leisten [*worauf die Forderung durch Erfüllung, § 362, erlischt und der Pfandgläubiger kraft Gesetzes ein Ersatzpfandrecht, §§ 1287, 1288 I, erlangt*]. ([2]) Jeder von beiden kann verlangen, daß an sie gemeinschaftlich geleistet wird; jeder kann statt der Leistung verlangen, daß die geschuldete Sache für beide hinterlegt [*§§ 372 ff*] oder, wenn sie sich nicht zur Hinterlegung eignet, an einen gerichtlich zu bestellenden Verwahrer abgeliefert wird.

§ 1282 (Leistung nach Fälligkeit der gesicherten Forderung)

(I[1]) Sind die Voraussetzungen des § 1228 Abs. 2 eingetreten [*ist also die Pfandreife eingetreten, d. h. die gesicherte Forderung fällig geworden*], so ist der Pfandgläubiger [*kraft Gesetzes selbständig*] zur Einziehung der [*fälligen, § 1283 III*] Forderung [*die auf Leistung von Sachen oder Rechten in voller Höhe – anders Geldforderung, S 2 – und im eigenen Namen gerichtet ist*] berechtigt [*und verpflichtet, § 1285 II*] und kann der Schuldner nur an ihn [*oder an Gläubiger nach Maßgabe der §§ 1275, 406, 407*] leisten [*wodurch die verpfändete Forderung und das Pfandrecht daran erlischt, aber nach § 1287 für den Pfandgläubiger ein Ersatzpfandrecht entsteht*]. ([2]) Die Einziehung einer [*verpfändeten*] Geldforderung steht dem Pfandgläubiger nur insoweit zu, als sie zu seiner Befriedigung [*des gesicherten Betrages*] erforderlich ist [*Wirkung der Leistung: § 1288 II*]. ([3]) Soweit [*Umfang: S 2*] er [*bei einer verpfändeten Geldforderung nach S 2*] zur Einziehung berechtigt ist, kann er auch verlangen, daß ihm die Geldforderung an Zahlungsstatt abgetreten [*§ 398 ff*] wird [*§ 835 II ZPO gilt analog*].

(II) Zu anderen Verfügungen über die Forderung [*z. B. zur Abtretung*] ist der Pfandgläubiger nicht berechtigt [*vgl. § 1283 III und § 1284*]; das Recht, die Befriedigung aus der Forderung [*wahlweise statt § 1282*] nach § 1277 [*Pfändung und Überweisung der Forderung auf Grund vollstreckbaren Titels*] zu suchen, bleibt unberührt.

§ 1283 (Kündigung)

(I) Hängt die Fälligkeit der verpfändeten Forderung von einer Kündigung ab, so bedarf der Gläubiger zur Kündigung der Zustimmung des Pfandgläubigers nur, wenn dieser berechtigt ist [*vgl. §§ 1213 ff*], die Nutzungen zu ziehen.

(II) Die Kündigung des Schuldners ist nur wirksam, wenn sie dem Pfandgläubiger und dem Gläubiger erklärt wird.

(III) Sind die Voraussetzungen des § 1228 Abs. 2 [*also die Pfandreife*] eingetreten, so ist [*neben dem Gläubiger*] auch der Pfandgläubiger zur Kündigung berechtigt [*und danach zur Einziehung: vgl. § 1282*]; für die Kündigung des Schuldners genügt die Erklärung gegenüber dem Pfandgläubiger. [*Vor der Pfandreife, § 1228 II, kann naturgemäß nur der Gläubiger kündigen; § 1286 gibt dem Pfandgläubiger daher einen Anspruch auf Kündigung.*]

§ 1284 (Zulässigkeit abweichender Vereinbarungen)

Die Vorschriften der §§ 1281 bis 1283 finden keine Anwendung, soweit der Pfandgläubiger und der Gläubiger ein anderes vereinbaren [*z. B., daß der Pfandgläubiger nicht auf die Einbeziehung der Forderung, § 1282 I, II, beschränkt ist*].

§ 1285 (Mitwirkungspflicht)

(I) Hat die Leistung [*vor Pfandreife, § 1281, oder auf Grund von Vereinbarung, § 1284*] an den Pfandgläubiger und den Gläubiger gemeinschaftlich zu erfolgen, so sind beide einander verpflichtet, zur Einziehung mitzuwirken, wenn die Forderung fällig ist. [*Bei Verletzung ist Schadensersatz aus pVV des gesetzlichen Schuldverhältnisses zu leisten.*]

(II[1]) Soweit der Pfandgläubiger [*nach Pfandreife, § 1282*] berechtigt ist, die Forderung ohne Mitwirkung des Gläubigers einzuziehen, hat er für die ordnungsmäßige Einziehung zu sorgen. ([2]) Von der Einziehung hat er den Gläubiger unverzüglich zu benachrichtigen, sofern nicht die Benachrichtigung untunlich ist. [*Bei Verletzung ist Schadensersatz aus pVV des gesetzlichen Schuldverhältnisses zu leisten.*]

§ 1286 (Kündigungspflicht)

([1]) Hängt die Fälligkeit der verpfändeten Forderung von einer Kündigung ab, so kann der Pfandgläubiger, sofern nicht das Kündigungsrecht ihm zusteht [*vgl. § 1283 III*], von dem Gläubiger die Kündigung verlangen, wenn die Einziehung der Forderung wegen Gefährdung ihrer Sicherheit nach den Regeln einer ordnungsmäßigen Vermögensverwaltung geboten ist. ([2]) Unter der gleichen Voraussetzung kann der Gläubiger von dem Pfandgläubiger die Zustimmung zur Kündigung verlangen, sofern die Zustimmung erforderlich ist [*vgl. § 1283 I*].

§ 1287 (Dingliche Surrogation)

([1]) Leistet der Schuldner [*die bewegliche Sache oder das Recht; für Geldforderungen gilt § 1288*] in Gemäßheit der §§ 1281 [*vor Pfandreife*], 1282 [*nach Pfandreife*], so erwirbt mit der Leistung der Gläubiger den geleisteten Gegenstand [*bewegliche Sache oder Forderung*] und der Pfandgläubiger [*kraft Surrogation*] ein [*Ersatz-*]Pfandrecht an dem Gegenstande [*Verwertung: §§ 1228 ff, 1277, 1282 ff*]. ([2]) Besteht [*bei Ver-*

pfändung des Auflassungsanspruchs, §§ 433 I, 1273, 1274, 1280] die Leistung in der Übertragung des Eigentums an einem Grundstück [*§§ 925, 873*], so erwirbt der Pfandgläubiger [*sobald der Gläubiger Eigentum am Grundstück erlangt hat, kraft Gesetzes ohne Eintragung im Grundbuch*] eine Sicherungshypothek [*§§ 1184 ff; sog. Surrogationshypothek. Zum Rang: vgl. Anm. § 879*]; besteht sie in der Übertragung des Eigentums an einem eingetragenen Schiff oder Schiffsbauwerk, so erwirbt der Pfandgläubiger eine Schiffshypothek.

§ 1288 (Anlegung eingezogenen Geldes)

(I[1]) Wird eine Geldforderung in der Gemäßheit des § 1281 [*vor Pfandreife*] eingezogen, [*so wird der Betrag Eigentum des Gläubigers, belastet mit Pfandrecht des Pfandgläubigers, § 1287 S 1, und*] so sind der Pfandgläubiger und der Gläubiger einander verpflichtet, dazu mitzuwirken, daß der eingezogene Betrag, soweit es ohne Beeinträchtigung des Interesses des Pfandgläubigers tunlich ist, nach den für die Anlegung von Mündelgeld geltenden Vorschriften [*§§ 1807 ff*] verzinslich angelegt und gleichzeitig dem Pfandgläubiger das Pfandrecht [*an dem angelegten Betrag*] bestellt wird. ([2]) Die Art der Anlegung bestimmt der Gläubiger.

(II) Erfolgt die Einziehung in Gemäßheit des § 1282 [*also nach Pfandreife*], so [*erwirbt der Pfandgläubiger Alleineigentum am Geld, soweit ihm § 1282 I 2 die Einziehung erlaubt, str., und*] gilt die [*gesicherte*] Forderung des Pfandgläubigers, soweit ihm der eingezogene Betrag zu seiner Befriedigung gebührt, als von dem Gläubiger [*der eingezogenen Forderung*] berichtigt. [*Die gesicherte Forderung erlischt; zugleich nachrangige Pfandrechte. War der Gläubiger nicht zugleich der Schuldner der gesicherten Forderung, so geht sie auf ihn über, §§ 1273 II, 1225.*]

§ 1289 (Haftung der Zinsen)

([1]) Das Pfandrecht an einer Forderung erstreckt sich auf die Zinsen der Forderung. ([2]) Die Vorschriften des § 1123 Abs. 2 und der §§ 1124, 1125 finden entsprechende Anwendung; an die Stelle der Beschlagnahme tritt die Anzeige des Pfandgläubigers an den Schuldner, daß er von dem Einziehungsrechte Gebrauch mache.

§ 1290 (Einziehungsrecht des erstrangigen Pfandgläubigers)

Bestehen mehrere Pfandrechte an einer Forderung, so ist zur Einziehung [*§§ 1281, 1282*] nur derjenige Pfandgläubiger berechtigt, dessen Pfandrecht den übrigen Pfandrechten vorgeht [*vgl. § 1209*].

§ 1291 (Pfandrecht an Grund- und Rentenschulden)

Die Vorschriften über das Pfandrecht an einer Forderung [*§§ 1279–1290*] gelten auch für das Pfandrecht an einer Grundschuld [*§ 1191*] und an einer Rentenschuld [*§ 1199*]. [*Für die Verpfändung einer hypothekarisch gesicherten Forderung gelten nach § 1279 ohnehin die §§ 1280–1290.*]

§ 1292 (Verpfändung von Orderpapieren)

Zur Verpfändung eines Wechsels oder eines anderen Papiers, das durch Indossament übertragen werden kann, genügt die Einigung des Gläubigers und des Pfandgläubigers und die Übergabe des indossierten Papiers. [*§ 1280 ist also ausgeschlossen.*]

§ 1293 (Pfandrecht an Inhaberpapieren)

Für das Pfandrecht an einem Inhaberpapiere [*vgl. § 793*] gelten die Vorschriften über das Pfandrecht an beweglichen Sachen [*§§ 1204–1258*].

§ 1294 (Einziehung und Kündigung durch den Pfandgläubiger)

Ist ein Wechsel, ein anderes Papier, das durch Indossament übertragen werden kann, oder ein Inhaberpapier Gegenstand des Pfandrechts, so ist, auch wenn die Voraussetzungen des § 1228 Abs. 2 noch nicht eingetreten sind, der Pfandgläubiger zur Einziehung und, falls Kündigung erforderlich ist, zur Kündigung berechtigt und kann der Schuldner nur an ihn leisten [*Ausnahme von §§ 1281–1283*].

§ 1295 (Freihändiger Verkauf eines Orderpapieres)

Hat ein verpfändetes Papier, das durch Indossament übertragen werden kann, einen Börsen- oder Marktpreis, so ist der Gläubiger nach dem Eintritte der Voraussetzungen des § 1228 Abs. 2 berechtigt, das Papier nach § 1221 verkaufen zu lassen [*also freihändig*].

§ 1296 (Pfandhaftung der Zinsscheine)

(1) Das Pfandrecht an einem Wertpapier erstreckt sich auf die zu dem Papiere gehörenden Zins-, Renten- oder Gewinnanteilscheine nur dann, wenn sie dem Pfandgläubiger übergeben sind. (2) Der Verpfänder kann, sofern nicht ein anderes bestimmt ist, die Herausgabe der Scheine verlangen, soweit sie vor dem Eintritte der Voraussetzungen des § 1228 Abs. 2 fällig werden [*Sonderregelung zu § 1289*].

Inhaltsverzeichnis

Bürgerliches Gesetzbuch
Drittes Buch. Sachenrecht §§ 854–1296

Sachverzeichnis

(Die Zahlen bezeichnen die Paragraphen)

Sachverzeichnis

Sachverzeichnis

Sachverzeichnis

Sachverzeichnis

Sachverzeichnis

Sachverzeichnis

Sachverzeichnis

Sachverzeichnis

Sachverzeichnis

www.ingramcontent.com/pod-product-compliance
Lightning Source LLC
LaVergne TN
LVHW042246300926
849161LV00003B/481